U0168157

Interior

Lighting

for

Designers

# 室内照明设计全书

理想·宅 编著

中国电力出版社
CHINA ELECTRIC POWER PRESS

# 内容提要

本书共分为三个章节，第一章主要介绍照明的基本知识，让读者了解光；第二章则着重讲解照明设计基础与手法，让读者掌握照明设计的实战技巧；第三章对不同空间进行照明设计分析，运用实际案例讲解不同空间、不同需求下照明设计的要点。

本书可供室内设计师使用，也可作为室内设计相关培训机构的参考书。

**图书在版编目（CIP）数据**

室内照明设计全书 / 理想·宅编著 . — 北京 : 中国电力出版社 , 2023.3

ISBN 978-7-5198-7402-5

Ⅰ . ①室… Ⅱ . ①理… Ⅲ . ①室内照明 – 照明设计 Ⅳ . ① TU113.6

中国版本图书馆 CIP 数据核字（2022）第 248262 号

---

出版发行：中国电力出版社
地　　址：北京市东城区北京站西街 19 号（邮政编码 100005）
网　　址：http://www.cepp.sgcc.com.cn
责任编辑：曹　巍（010 – 63412609）
责任校对：黄　蓓　马　宁
装帧设计：张俊霞
责任印制：杨晓东

---

印　　刷：北京九天鸿程印刷有限责任公司
版　　次：2023 年 3 月第一版
印　　次：2023 年 3 月北京第一次印刷
开　　本：889 毫米 ×1194 毫米　16 开本
印　　张：22
字　　数：648 千字
定　　价：178.00 元

**版 权 专 有　侵 权 必 究**

本书如有印装质量问题，我社营销中心负责退换

# 前　言

在设计中，光是表达情绪引导空间的重要媒介。好的设计不仅仅要在空间造型上出彩，还需要通过巧妙的照明设计去表现出空间的情感。只是把灯具安装起来，不叫好的照明设计，它不能带给我们更多的情感。好的照明设计，更多地考虑使用者和空间的关系，利用灯光灵活营造空间的氛围，让人感觉舒适、放松。但是，想要设计出好的照明效果，需要不断地进行实践，而实践的基础便是掌握照明的基本理论。

本书是从理论与实践两个方面入手，一方面，通过第一、二章介绍了与照明相关的基本知识，包括光源、灯具、照明方式的选择等，让毫无照明设计基础的读者也能快速地掌握照明设计中最核心的知识点。在这一部分中，为了减少单纯理论知识阐述带来的枯燥，本书多用图形、表格、思维导图等形式呈现内容，改变教科书式的文字排列形式，给人比较舒适、轻松的阅读感。另一方面则是从实践入手，不单单提出针对住宅空间的照明设计的技巧，同时也对办公空间、商业空间、展示空间以及庭院的照明设计进行了详细的分析，这样更能够拓宽读者的思维，让其通过最新、经典的照明实例，学习到更多实用的照明技巧。

# 目 录

前言

## 第一章
## 概述

## 第二章
## 照明设计基础与手法

CONTENTS

## 第三章
## 不同空间照明设计的应用

# 概述

　　照明是利用各种光源照亮工作和生活场所。想要灵活地掌握照明设计方法，就要先了解照明的基础知识。照明的基础理论包含对光源的理解和一些基本的照明术语。我们通过了解这些基本的概述，从而更好地进行照明的设计。

第一章

# 第一节 基本照明知识

照明是家居空间中重要的设计内容，合理的照明设计不仅能够提供基础的照明，又能够营造宜人的空间氛围。在进行照明设计之前要充分了解照明的基础知识，才能更好地在照明设计中达到所设想的照明效果。

# 一、照明光的两种特性

## 1. 照明光的辐射特性

辐射是日常生活中遇到的许多现象的产生原因，它无处不在，无时不在。光是电磁辐射的成员之一，而光仅仅是对人眼可见的辐射类型所赋予的一个名字。辐射的本质是能量，所以它本身没有质量，也没有颜色或味道。

不同类型辐射之间唯一的不同是其传播过程中的振动频率不同，因为振动频率是辐射唯一可辨别的属性，所以我们通常用小小的波浪线来描述周边的辐射，通过波浪线上波峰和波谷之间的距离来区分不同的辐射。从波峰到波峰或从波谷到波谷的长度就叫作该辐射的波长，它是把不同类型的辐射区分开来的唯一可靠方法。就可见光来说，其辐射的波长十分小，所以常常以纳米来描述它们。1 纳米非常短，10 亿个 1 纳米才能构成 1 米。

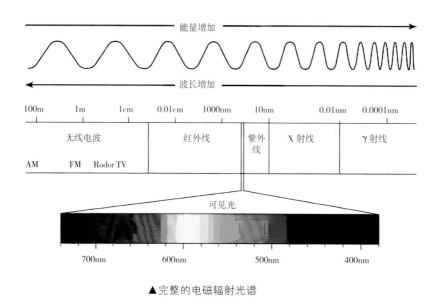

▲ 完整的电磁辐射光谱

我们通常所说的人类颜色视觉，能察觉到的波长范围是 307 纳米，所以在这个范围内有"可见光"或称为光的辐射。振动得更快或更慢的其他任何辐射，就不再能"看见"。辐射仍然存在，只不过不能用肉眼察觉到它。

人类确实拥有察觉其他类型辐射的能力，但肯定不像对"可见光"一样敏锐。恰好位于可见光之外的红外辐射就是一个很好的例子。人类无法用眼睛察觉到它，但可以通过感觉神经感觉到不同程度的热辐射。

## 2. 照明光的颜色视觉特性

　　电磁波的波长范围极其宽广，最短的波长仅 $10^{-14}$~$10^{-16}$m，最长的电磁波长可达数千米，其中只有波长大约是 380~ 780nm 的光为可见光。在可见光当中，波长的差异会使人产生不同的色觉。当某一发光物体放射出单一波长的光时，其表现为一种颜色，该发光物所发的光称为单色光，而当处于可视波长范围内的光混合在一起时，其光色表现为白色。

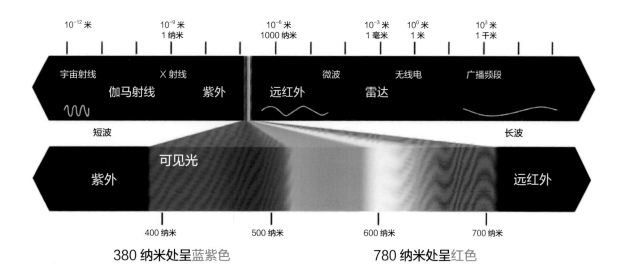

380 纳米处呈蓝紫色　　　　　　　　780 纳米处呈红色

　　例如，我们看到的太阳光为白色，实际上我们只是看到了太阳所发出的波长为 380~780nm 范围内的光，以及这些光混合后的颜色。如果我们把太阳光进行分解，就可以看到其不同波段所呈现出来的不同色彩，其色彩按波长从 380~780nm 依次表现为紫、蓝、青、绿、黄、橙、红七种颜色。人的眼睛不仅对不同波长的光有不同的颜色感觉，而且对其亮度的感受也不相同。也就是说，在人的视觉感受中，不同波段的光不仅颜色不同，其亮度也不相同。

# 二、照明的十大物理术语

## 1. 光通量

光通量是指光源在单位时间内发出的光的总量。它表示光源的辐射能量引发人眼产生的视觉强度。也可以按字面意思理解，即光通过的量。光源的光通量越多表示它发出的光越多。

在照明设计中，光通量是用来衡量光源发光能力的基本量。例如，一只40W的白炽灯发出的光通量为350lm，一只40W的荧光灯发出的光通量为2100lm。W是电功率（物理量符号为P）的单位符号，在照明工程中，它表示光源消耗电能的快慢。相同电功率的光源在同一时间内消耗的电能是相等的，所以40W的白炽灯和荧光灯在同一时间内消耗的电能相等，但其辐射出的光通量却相差甚远。

> 💡 照明贴士
>
> 光通量的符号是 $\Phi$，单位是流明（lm）。1lm 是发光强度为 1cd 的均匀点光源在 1sr 立体角内发出的光通量，即 1lm=1cd×sr。

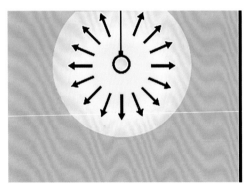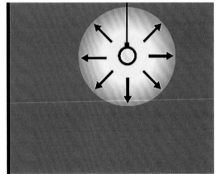

▲ 相同的空间，100W 的普通白炽灯泡和 60W 的相比，100W 的光通量（1520lm）接近 60W（810lm）的 2 倍

### 常见光源的光通量

| 常见光源 | 光通量（lm） |
| --- | --- |
| 1 只蜡烛 | 15 |
| 40W 白炽灯泡 | 400 |
| 5W LED 灯泡 | 500 |
| 18W 节能灯 | 900 |
| 50W 卤钨灯泡 | 1100 |
| 28W T5 荧光灯管 | 2600 |
| 中午一扇 2m×2m 背阳的窗 | 10000 |

## 2. 照度

照度，又称光照强度，表示受照物体表面单位面积上所接受的光通量。根据定义可知，照度与光通量和受照面积有关。即在光通量确定的情况下，接收该部分光通量的面积越小，该受照面上所产生的照度就越高。而当受照面确定时，想得到更高的照度，则需要更大的光通量。

> **● 照明贴士**
>
> 照度用符号 E 表示，单位为勒克斯（lx）。根据定义得其公式为：$E=\Phi/A$，式中，E 表示受照面 A 的照度（lx），$\Phi$ 表示受照面 A 所接受的光通量（lm），A 表示受照面的面积（$m^2$）。

### 推荐照度分级

| 类别 | 级别 | 项目 | 照度（lx） |
|:---:|:---:|:---:|:---:|
| Ⅰ | A | 公共空间 | 30 |
| | B | 短暂访问和简单定向 | 50 |
| | C | 进行简单视觉作业的工作空间 | 100 |
| Ⅱ | D | 高对比、大尺寸的视觉作业 | 300 |
| | E | 高对比、小尺寸或低对比、大尺寸的视觉作业 | 500 |
| | F | 低对比、小尺寸的视觉作业 | 1000 |
| Ⅲ | G | 进行接近阈限的视觉作业 | 3000~10000 |

注：Ⅰ类是简单的视觉作业和定向要求；Ⅱ类是普通视觉作业，包括商业、办公、工业和住宅等大多数场所；Ⅲ类是特殊视觉作业，包括尺寸很小、对比很低，而视觉效能又极其重要的作业。

## 3. 发光强度

发光强度表示光源在一定方向和范围内发出的人眼感知强弱的物理量，是指光源向某一方向在单位立体角内所发出的光通量。发光强度简称光强，光强是一个与方向有关的量，可以简单理解为某个方向上光的密度。

电光源的发光强度与其光通量有直接联系，但其又存在不确定的关系，即在某一电光源的光通量确定的情况下，可以通过外在的干预影响其发光强度，这正是室内照明设计常用的提高光源发光强度的方法。例如，在正常情况下，一只 40W 的白炽灯的正下方的发光强度约为 30cd，而在其上方加设一个不透明的强反射遮光罩后，因为遮光罩改变了原本向上的光通量的辐射方向，所以增加了光源下方的光通量密度，致使该电光源正下方的发光强度有很大增加。

💡 **照明贴士**

发光强度用符号 $\theta$ 表示，单位为坎德拉 (cd)。根据定义得公式为 $I\theta = \phi/w$，式中 $I\theta$ 表示 $\theta$ 在方向上的光强 (cd)，$\phi$ 表示球面所接受的光通量 (lm)，w 表示球面所对应的立体角 (sr)。在数量上，1 坎德拉 (cd) 等于 1 流明 (lm) 每球面度，即 1cd=1lm/1sr。

## 4. 亮度

亮度是指发光体在视线方向单位投影面积上的发光强度。它表示人的视觉对物体明亮程度的直观感受。在室内照明设计中，应当注意保证适宜的亮度分布。在室内环境中，若彼此亮度变化太大，人的视觉从一处转向另一处时，眼睛就被迫经历一个适应过程，如果这种适应过程重复次数过多，就会造成视觉疲劳。

💡 **照明贴士**

亮度常用 $L$ 表示，亮度的单位是坎德拉每平方米，写作 cd/m²。

室内的亮度分布是由照度分布和表面反射比决定的。视野内的亮度分布不适当会损害视觉功效，过大的亮度差别会产生不舒适的眩光。

### （1）作业区内的亮度比

与作业贴邻的环境亮度可以低于 F 作业亮度，但不应小于作业亮度的 2/3。此外，为作业区提供良好的颜色对比也有助于改善视觉功效，但应避免作业区的反射眩光。

### （2）统筹策划反射比和照度比

因为亮度与两者的乘积成正比，所以它们的数值可以调整互补。工作房间环境亮度的控制范围如下。

## 工作房间的表面反射比与照度比

| 工作房间的表面 | 反射比 | 照度比 * |
|---|---|---|
| 顶棚 | 0.6~0.9 | 0.2~0.9 |
| 墙 | 0.3~0.8 | 0.4~0.8 |
| 地面 | 0.1~0.5 | 0.7~1.0 |
| 工作面 | 0.2~0.6 | 1.0 |

注：* 给定表面照度与工作面照度之比。

非工作房间，特别是装修标准高的公共建筑厅堂的亮度分布，往往根据室内环境创意决定，其目的是突出空间或结构的形象特征，渲染环境气氛或是强调某种装饰效果。这类光环亮度水平的选择和亮度图式的设计也要考虑视觉舒适感，但不受上述亮度比的约束。

## 5. 显色性

显色指数是一种描述光源呈现物体真实颜色能力的量值。光源的显色性越高，其颜色表现就越接近理想光源或自然光。显色指数最低为 0，最高为 100。国际照明委员会把太阳光的显色指数定为 100，这意味着灯泡的光谱越接近阳光，显色指数越高。

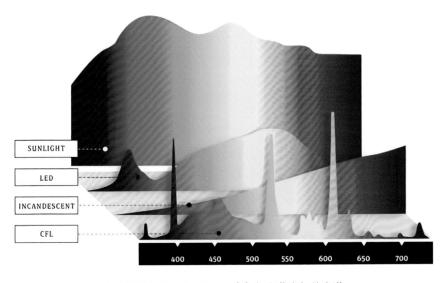

白炽灯通过热辐射发光，产生的是连续光谱，显色指数最高，显色性一般为 90~100，接近 $R_a$100；荧光灯利用气体放电发光，发光具有选择性，显色性差异较大，多数不高，一般在 50~95 之间（另一说为 74~90）；LED 灯种类较多，显色性有高有低，一般为 60~90。

▲从上往下是阳光、LED、白炽灯和荧光灯的光谱

通常，灯泡外包装上有显色指数值的标示，一般平均显色指数在 80 以上的基本上都算显色性佳的光源。显色性常用 $R_a$ 表示，$R_a$ 小于 80 的灯不得用于人们长时间工作或停留的室内。高跨间照明（安装高度超过 6m 的工业照明）和室外照明除外。

## 光源显色性分类

| 显色性能类别 | 显色指数范围 | 色表 | 应用示例 | |
|---|---|---|---|---|
| | | | 优先采用 | 容许采用 |
| I | $R_a \geq 90$ | 暖 | 颜色匹配 | — |
| | | 中间 | 医疗诊断、画廊 | |
| | | 冷 | — | |
| | $80 \leq R_a < 90$ | 暖 | 住宅、旅馆、餐馆 | |
| | | 中间 | 商店、办公室、学校、医院、印刷、油漆和纺织工业 | |
| | | 冷 | 视觉费力的工业生产 | |
| II | $60 \leq R_a < 80$ | 暖 | 高大的工业生产场所 | |
| | | 中间 | — | |
| | | 冷 | — | |
| III | $40 \leq R_a < 60$ | — | 粗加工工业 | 工业生产 |
| IV | $20 \leq R_a < 40$ | — | — | 粗加工工业，显色性要求低的工业生产、库房 |

### 💡 照明贴士

不同的显色指数，所表现的食物给人的感觉是不一样的，所以有时候有些店铺货架上的物品在买回去后看起来没有摆在货架上漂亮，可能就是因为家中灯具光源的显色指数低。

CRI 98

CRI 90

CRI 80

CRI 70

## 6. 色温

　　当光源发出的光的颜色与黑体在某一温度下辐射的颜色相同时，黑体的温度就称为该光源的颜色温度，简称色温。简单来说，色温就是一个描述光的颜色的物理量，单位为开尔文，常用 K 表示。色温在 5300K 以上为冷色光，光源接近自然光；色温在 3300K 以下为暖色光。

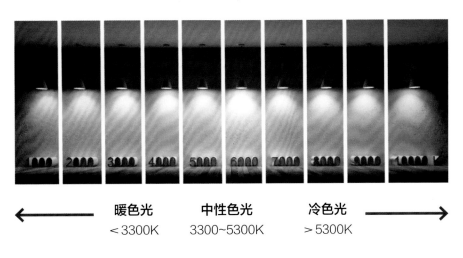

| 暖色光 | 中性色光 | 冷色光 |
| :---: | :---: | :---: |
| ＜3300K | 3300~5300K | ＞5300K |

▲光源色温分类

### 光源的色表类别

| 类别 | 色表 | 相关色温 / K | 应用场所举例 |
| :---: | :---: | :---: | :--- |
| Ⅰ | 暖 | ＜3300 | 客房、卧室、病房、酒吧、餐厅 |
| Ⅱ | 中间 | 3300~5300 | 办公室、阅览室、教室、诊室、机加工车间、仪表装配 |
| Ⅲ | 冷 | ＞5300 | 高照度场所、热加工车间，或白天需补充自然光的房间 |

## 7. 眩光

视野中由于不适宜亮度分布，或在空间或时间上存在极端的亮度对比，以致引起视觉不舒适和降低物体可见度的视觉条件，统称为眩光。如果人眼接触到眩光，就会感到刺激和紧张，长时间在这种条件下工作，会厌烦、急躁不安和疲劳，对人们的生产和生活造成很大的影响。眩光是引起视觉疲劳的重要原因之一。

### （1）眩光的分类

对于眩光的分类，其实有两种方法：对视觉的影响程度和形成机理。按对视觉的影响程度，可分为不适眩光和失能眩光；按形成机理划分，眩光又可以分为直接眩光、间接眩光、反射眩光和对比眩光这四类。这里主要讲按形成机理分成的四类。

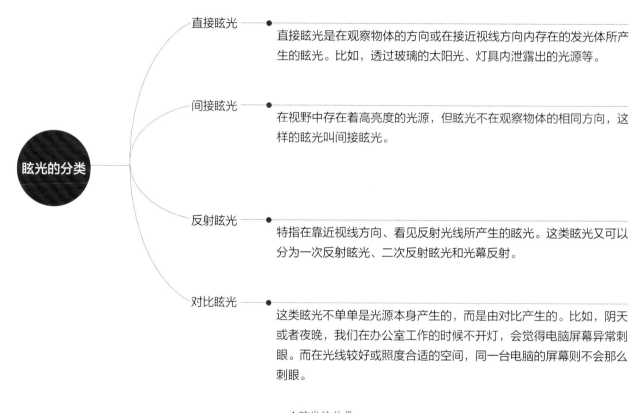

**眩光的分类**

**直接眩光** 直接眩光是在观察物体的方向或在接近视线方向内存在的发光体所产生的眩光。比如，透过玻璃的太阳光、灯具内泄露出的光源等。

**间接眩光** 在视野中存在着高亮度的光源，但眩光不在观察物体的相同方向，这样的眩光叫间接眩光。

**反射眩光** 特指在靠近视线方向、看见反射光线所产生的眩光。这类眩光又可以分为一次反射眩光、二次反射眩光和光幕反射。

**对比眩光** 这类眩光不单单是光源本身产生的，而是由对比产生的。比如，阴天或者夜晚，我们在办公室工作的时候不开灯，会觉得电脑屏幕异常刺眼。而在光线较好或照度合适的空间，同一台电脑的屏幕则不会那么刺眼。

▲ 眩光的分类

眩光主要是由于光源位置与视点的夹角造成的。亮度极高的光源，经过反射而产生亮度极高的光或者强烈的亮度对比，就会产生眩光。

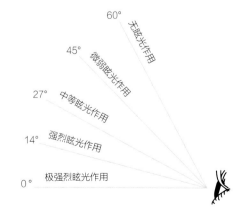

▲ 发光体角度与眩光的关系

### （2）统一眩光值

国际照明委员会（CIE）1995 年提出用统一眩光值（UGR）作为评定不舒适眩光的定量指标。UGR 方法综合了 CIE 和许多国家提出的眩光计算公式并加以简化，同时，其数值对应的不舒适眩光的主观感受与英国的眩光指数对应的不舒适眩光的主观感受一致，因此这一方法得到世界各国的认可。

### URG 值对应的不舒适眩光的直观感受

| 统一眩光值（UGR） | 对应的感值 |
| --- | --- |
| 10 | 无眩光感值 |
| 13 | 刚刚感觉到眩光的值 |
| 16 | 刚刚舒适值 |
| 19 | 舒适与不舒适的界限值 |
| 22 | 刚刚不舒适值 |
| 25 | 不舒适值 |
| 28 | 不可忍受值 |

## 8. 遮光角

遮光角是指灯具出光口边缘的切线与通过光源中心的水平线所构成的夹角。遮光角又叫"保护角"，用于衡量灯具为防止高亮度光源引起的直接眩光而遮挡住光源直射范围的大小。一般，室内照明要求至少为 10°~15° 的遮光角；照明质量要求高的时候，遮光角为 30°~45°，加大遮光角会降低灯具效

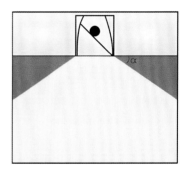

▲ 各种灯具的遮光角示意图（图上 α 代表遮光角）

率。在正常的水平视线条件下，为防止高亮度的光源造成直接眩光，灯具至少要有 10°~15° 的遮光角。

### 灯具最小遮光角

| 光源的亮度（kcd/ ㎡） | 最小遮光角（°） |
| --- | --- |
| 1~20 | 10 |
| 20~50 | 15 |
| 50~500 | 20 |
| ≥ 500 | 30 |

## 9. 发光效率

发光效率是一个光源的参数，是指光源每消耗 1W 电所输出的光通量，即光通量与消耗功率的比值，常用 η 表示。发光效率的单位是流明每瓦，写作 lm / W。发光效率越高代表其电能转换成光的效率越高，即发出相同光通量所消耗的电能越少，所以选用真正节能的灯泡，应该以发光效率的数值来做最后的判断。

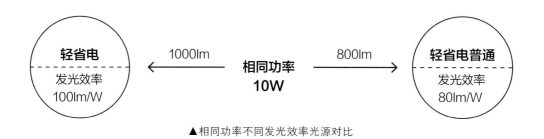

▲相同功率不同发光效率光源对比

### 不同光源的发光效率对比

| 光源名称 | | 功率（W） | 发光效率（lm / W） |
| --- | --- | --- | --- |
| 白炽灯 | | 15~200 | 5~15 |
| 卤钨灯 | | 5~3000 | 12~34 |
| 荧光灯 | 细管径荧光灯 | 4~60 | 60~108 |
| | 无极荧光灯 | 15~300 | 80~140 |
| | 粗管径荧光灯 | 20~120 | 50~70 |
| | 节能灯 | 3~60 | 50~90 |
| 高压汞灯 | | 50~1500 | 35~70 |
| 高压钠灯 | | 35~1000 | 80~150 |
| 卤化物灯 | 金属卤化物灯 | 20~2000 | 70~120 |
| | 陶瓷金属卤化物灯 | 20~400 | 80~110 |
| LED 灯 | | 0.06~10 | 50~120 |

## 10. 光束角

光源垂直向下时，正下方光照最强，即光束主轴。光束角是指由光束主轴两侧发光强度为光轴 50% 的界限构成的夹角。

光束角反映在被照墙面上就是光斑大小和光强。同样的光源若应用在不同角度的反射器中，光束角越大，中心光强越小，光斑越大。应用在间接照明的原理也一样，光束角越小，环境光强就越大，散射效果就越差。

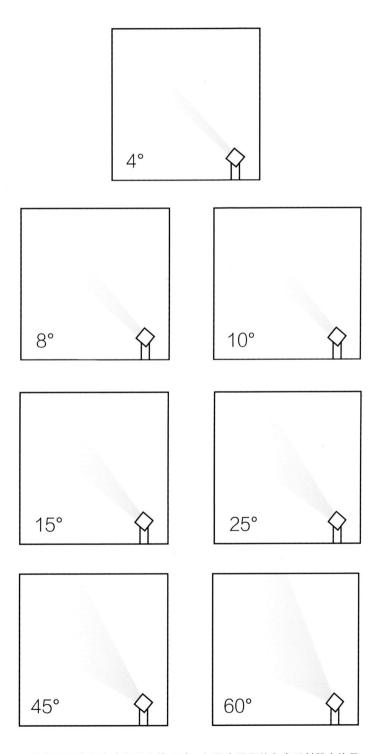

▲ 光斑和照度是光束角的直接反映。如果在不同的角度反射器中使用相同的光源，则光束角越大，中心发光强度越小，照度越小；相反，光束角越小，中心发光强度越大，光斑越小

## 11. 配光曲线

　　配光曲线是指灯具的布光状态，即发光体经其他介质包裹后，使其穿透或折射改变原有的发光方向，以纵向、横向或斜向等 360° 所绘制出来的光线角度及强度。一般常见的配光曲线，多指垂直面配光曲线。

　　配光曲线常有以下三种：

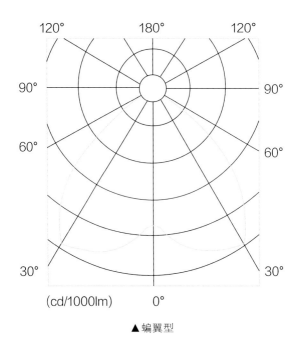

▲ 蝙翼型

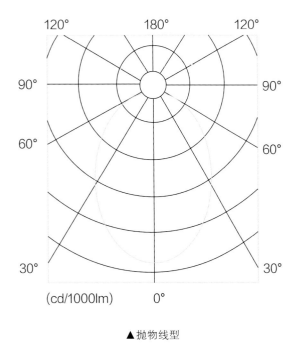

▲ 抛物线型

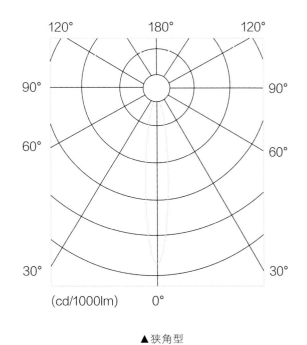

▲ 狭角型

# 三、常见光源的三大分类

　　光源是灯具的核心，而每一种电光源实际上都是将电能转化为辐射光能的装置。光源是光环境设计中的必要因素，合格的设计师应该了解每种光源的优缺点，这是非常重要的一项内容。大多数人会将光源称为灯泡，但实际上它的专业名称应该是光源。

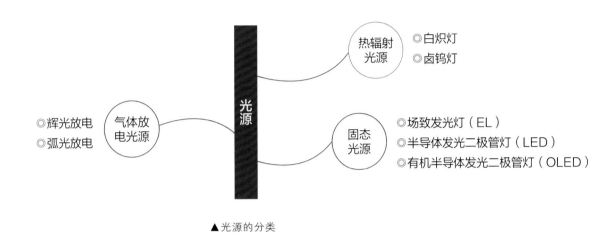

▲ 光源的分类

## 1. 热辐射光源

　　热辐射光源主要是利用电流将物体加热到白炽程度而发光的光源，如白炽灯、卤钨灯。

## 2. 固态光源

　　固态光源是利用加在两电极的电压产生电场，被电场激发的电子碰击发光中心，而引致电子解级的跃进、变化、复合导致发光的光源，如发光二极管(LED)。

## 3. 气体放电光源

　　气体放电光源是利用电流通过气体而发射光的光源。其具有发光效率高、使用寿命长等特点，使用范围很广泛。气体放电光源按放电的形式分为以下两种。

### （1）弧光放电光源

　　此类光源主要利用弧光放电柱产生光（热阴极灯），放电的特点是阴极位降较小。这类光源需要专门的启动器件和线路才能工作。荧光灯、钠灯等均属于弧光放电光源。

### （2）辉光放电光源

　　此类光源由正辉光放电柱产生光，放电的特点是阴极的次级发射比热电子发射大得多（冷阴极），阴极位降较大(100V左右)，电流密度较小。辉光放电灯也叫冷阳极灯，如霓虹灯。此类光源通常需要很高的电压。

　　放电光源还可以按其他特点分类。放电光源通常按其充入气体（或蒸气）的种类和气体（或蒸气）压力的高低来命名，如氙灯、高压汞灯、低压钠灯等。

# 四、室内常用光源及其特性

## 常用光源的应用场所

| 光源名称 | 应用场所 | 备注 |
|---|---|---|
| 白炽灯 | 除严格要求防止电磁波干扰的场所外，一般场所不得使用 | 单灯功率不宜超过 100W |
| 卤钨灯 | 电视播放、绘画、摄影照明，反光杯卤素灯用于贵重商品重点照明、模特照射等 | 12~34W |
| 直管荧光灯 | 家庭、学校、研究所、工业、商业、办公室、控制室、设计室、医院、图书馆等照明 | 50~120W |
| 紧凑型荧光灯 | 家庭、宾馆等照明 | — |
| 金属卤化物灯 | 体育场馆、展览中心、游乐场所、商业街、广场、机场、停车场、车站、码头、工厂等照明、电影外景摄制、演播室 | — |
| 普通高压钠灯 | 道路、机场、码头、港口、车站、广场、无显色要求的工矿企业照明等 | — |
| 中显色高压钠灯 | 高大厂房、商业区、游泳池、体育馆、娱乐场所等的室内照明 | — |
| LED | 博物馆、美术馆、宾馆、电子显示屏、交通信号灯、疏散标志灯、庭院照明、建筑物夜景照明、装饰性照明、需要调光的场所的照明以及不易检修和更换灯具的场所等 | — |

# 1. 卤钨灯

卤钨灯其实是白炽灯的改良版本，它有许多名字，如卤素灯、石英卤素灯等。卤钨灯灯泡里面充有一种特定的卤素气体，当灯泡工作时，卤素气体和钨丝挥发出来的钨原子结合，最终会重新沉积到钨丝上，而并不是在泡壳上凝结，这种循环可以让泡壳保持透明，同时抵消钨丝挥发导致的灯丝变细，保证了光输出的稳定。

💡**照明贴士**

卤钨灯灯丝的工作温度越高，光源的色温就越高，因此卤钨灯的色温比白炽灯要高，由于光谱中的蓝色区分布更多，因此色彩呈近中性的淡黄色；它的寿命更长，效率更高，体积更小，可以更好地控制光线以照亮特定物体。

卤钨灯

【**瓦数**】 12~10000W

【**色温**】 2700~65000K

【**平均寿命**】 3000~5000h

【**优点**】 体积小、寿命长、光色好和光输出稳定

【**缺点**】 发光效率很低，对电压波动比较敏感、耐振性较差

## 2. 直管荧光灯

荧光灯按其外形又可分为双端荧光灯和单端荧光灯。双端荧光灯绝大多数是直管形，两端各有一个灯头。因此双端荧光灯又称直管荧光灯，是一种传统的照明光源，是利用低气压汞蒸气产生的紫外线激发荧光粉涂层发光的。直管型荧光灯管按光色分为三基色荧光灯管、冷白日光色荧光灯管、暖白日光色荧光灯管。

> 💡 **照明贴士**
>
> 荧光灯是应用最广泛、用量最大的气体放电光源。它具有结构简单、光效高、发光柔和、寿命长等优点。荧光灯的发光效率是白炽灯的 4~5 倍，寿命是白炽灯的 10~15 倍，是高效节能光源。尽管所有的荧光灯的基本原理都是一样的，但还是分为两大类：冷阴极和热阴极。热阴极荧光灯更适用于普通照明，冷阴极荧光灯多用于装饰照明。

直管荧光灯

**【尺寸】** 直径 φ38mm（T12）、φ26mm（T8）、φ16mm（T5）等

**【瓦数】** 40W、36W、20W、15W、8W

**【色温】** 2700~6500K

**【平均寿命】** 13000~24000h

**【优点】** 节能，荧光灯所消耗的电能约 60% 可以转换为紫外光，其他的能量则转换为热能。一般紫外光转换为可见光的效率约为 40%。因此日光灯的效率约为 60%×40%=24%——大约为相同功率钨丝电灯的两倍

**【缺点】** 会产生光衰，荧光灯显色性比不上白炽灯；灯光有闪烁现象，对视力有一定影响；此外，生产过程中和使用废弃后有汞污染

**【注意事项】** 悬挂高度不宜超过 4m

## 3. 紧凑型荧光灯

紧凑型荧光灯 (CFL) 现已成为家喻户晓的节能产品，特别是配有电子镇流器和选用 E27 螺口灯头的一体化产品，这类产品简称节能灯，而且是公认的取代白炽灯的唯一适宜光源。

---

💡 **照明贴士**

紧凑型荧光灯属于荧光灯，是一种集成程度略高的荧光灯。区别在于现在的紧凑型荧光灯用的是电子镇流器，而普通荧光灯使用的是电感镇流器。

紧凑型荧光灯

【瓦数】　5~150W

【色温】　2700~6400K

【平均寿命】　8000~15000h

【优点】　光效高，是普通白炽灯的 5 倍多，节能效果明显；寿命长，是普通灯泡的 8 倍左右；且体积小，使用方便

【缺点】　会产生光衰；显色性较低，白炽灯及卤素灯演色性为 100，表现完美；节能灯显色性大多在 80~90 之间，低显色的光源不但看东西颜色不漂亮，也对健康及视力有害

## 4. 金属卤化物灯

金属卤化物灯是一种接近日光色的节能新光源，它的基本原理是将多种金属以卤化物的方式加入高压汞灯的电弧管中，使这些金属原子像汞一样电离、发光。汞弧放电决定了它的电性能和热损耗，而充入灯管内的低气压金属卤化物决定了灯的发光性能。充入不同的金属卤化物，可以制成不同特性的光源。

💡 照明贴士

金属卤化物灯的分类方法很多，具体如下：

按填充物可分钠铊铟类、钪钠类、镝钬类、卤化锡类；

按灯的结构可分为：①石英电弧管内装两个主电极和一个启动电极，外面套一个硬质玻壳（有直管形和椭球形两种）的卤钨灯。②直管形电弧管内装一对电极，不带外玻壳，可代替直管形的卤钨灯。③不带外玻壳的短弧球形卤钨灯、单端或双端椭球形的卤钨灯。

金属卤化物灯

【瓦数】　5~150W

【色温】　2000~5000K

【平均寿命】　5000~20000h

【优点】　具有高光效、长寿命、显色性好、结构紧凑、性能稳定等特点。它兼有荧光灯、高压汞灯、高压钠灯的优点，并克服了这些灯的缺点，金属卤化物灯汇集了气体放电光源的主要优点，尤其是具有光效高、寿命长、光色好三大优点

【缺点】　灯内的填充物中有汞，汞是有毒物质，若使用的灯破损，就会对环境造成污染

## 5. 高压钠灯

高压钠灯是20世纪60年代才问世的，它是光效最高的高强度气体放电灯，被称为第三代照明光源。高压钠灯与低压钠灯不同，它的光谱不再是单调的黄光，而是展布在相当宽的频率范围内。通过谱线的放宽，高压钠灯发出金白色的光，这就可进行颜色的区别。高压钠灯可广泛用于道路、机场、码头、车站、广场及工矿企业照明，高显色高压钠灯主要应用于体育馆、展览厅、娱乐场、百货商店和宾馆等场所照明。

### 💡 照明贴士

高压钠灯由于具有光效高、寿命长、可接受的显色性、不易使被照物褪色等特点，被广泛地应用于普通照明的各个角落，以逐步取代相对耗能大的荧光高压汞灯。最近开发出来的颜色改善型和高显色型高压钠灯可代替白炽灯，有极佳的节能效果。

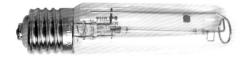

高压钠灯

【色温】　1000~2200K

【平均寿命】　12000~24000h

【优点】　发光效率高、寿命长、透雾性能好

【缺点】　在使用过程中，也存在自熄问题，显色指数低

# 6.LED

LED 光源或称发光二极管，是电光源领域最先进的技术。LED 以前主要作为录像机等电子产品的指示灯使用，而现在已经出现了含有红、绿、蓝三色全光谱的产品，并成为重点照明的白光光源。

**照明贴士**

LED 光源相比于其他电光源有以下几种优势：比白炽灯光效高很多；寿命高于绝大多数传统光源；尽管 LED 灯本身会发热，但发出的光线却是冷的，不包含热辐射。相较于其他光源，LED 灯可在寒冷环境下工作。且在极端环境下的可靠性更好。由于没有脆弱的灯丝，LED 芯片能够承受一定冲击和振动。

LED

【平均寿命】　25000~50000h

【优点】　① 发光效率高。同样照度水平下，理论上不到白炽灯 10% 的能耗，LED 灯与荧光灯相比也可以达到 30%~50% 的节能效果
② 安全可靠性高，发热量低，无热辐射，属冷光源。
③ 有利于环保，为全固体发光体，不含汞
④ 响应时间短，起点快捷可靠
⑤ 防潮、耐低温、抗震动

【缺点】　① 色温偏高、显色指数 (Ra) 偏低
② 表面亮度高，容易导致眩光
③ 光通维持率偏低
④ 有的驱动电源电路简单，谐波较大，功率因数低
⑤ 优质产品成本较高

# 第二节　室内照明灯具

**要想运用好光线，首先要清楚各类灯具的特征。因为即使灯具种类相同，也会存在配光方式不同、风格不同等问题。想要设计出好的照明系统，那么对灯具的了解必不可少。**

# 一、灯具的构成

从严格意义上，灯具是由下列部件组成的：一个或几个光源，设计用来分配光的光学部件，固定光源并提供电气连接的电气部件（灯座、镇流器等），用于支撑和安装的机械部件。其中，在灯具的设计和应用中，最应该强调的是灯具的控光部件，主要由反射器、折射器、遮光器和其他一些附件组成。

## 1. 反射器

反射器是一个重新分配光源、光通量的部件。光源发出的光经过反射器反射后，可以投射到特定的方向。为了提高效率，反射器一般用具有高反射率的材料制成，例如铝、塑料等。反射器的形式多种多样，有球面的、柱面的、旋转对称的，等等。但无论反射器的形状如何变化，其目的都是适应各种不同形状的光源和照明环境的需求。

## 2. 折射器

利用光的折射原理将某些透光材料做成灯具部件，用于改变原先光线前进的方向，获得合理的光分布。灯具中经常使用的折射器有棱纹板和透镜两大类。现代灯具中的棱纹板多数用塑料或亚克力制成，表面花纹图案由三角锥、圆锥以及其他棱镜组成。吸顶灯通过棱纹板上各棱镜单位的折射作用，能有效地降低接近水平视角范围的亮度，以减少眩光。

## 3. 漫射器

漫射器的作用是将入射光向许多方向散射出去，这一过程可以发生在材料内部，也可以发生在材料表面。漫射器可以使从灯具中透射出来的光线均匀漫布开来，并能模糊发光光点，减少眩光。发光顶棚所采用的灯箱片或磨砂玻璃罩就是发挥了漫射器的作用。

## 4. 遮光器

灯具在偏离垂直方向 45°~85° 范围内投射出的光容易造成眩光，因而应予以控制，最好是在此角度范围内根本看不到灯具中的发光光源。衡量灯具隐藏光源的性能的依据是灯具的保护角。对于磨砂灯泡或外壳有荧光粉涂层的灯泡而言，整个灯泡都是发光体；但对于透明外壳的灯泡而言，里面的钨丝或电弧管才是发光体。当仰视角小于灯具保护角时，看不到直接发光体。因此从防眩光的角度来看，灯具的保护角要尽可能大。

# 二、常用灯具的三种分类与特性

灯具具有多样性，不同种类的灯具有不同的特点，其优势和缺点决定了其应用的范围。照明灯具可以按照光通量分布、安装方式、使用环境及照明功能等进行分类。

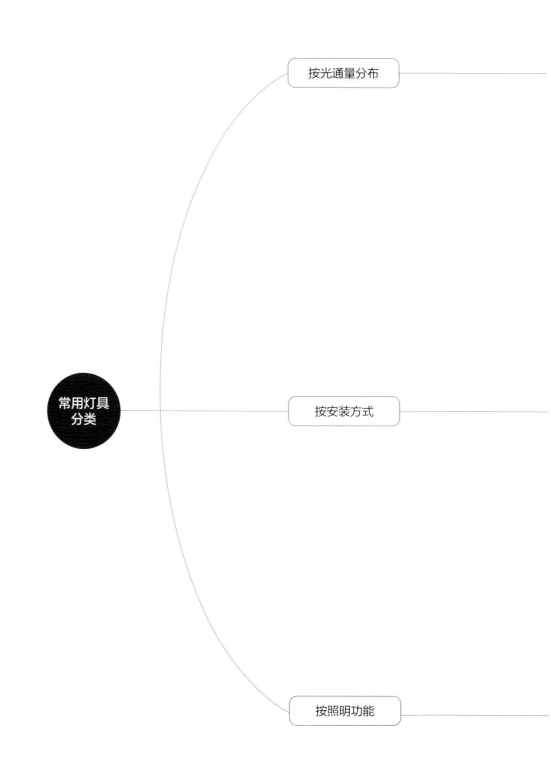

按光通量分布

常用灯具
分类

按安装方式

按照明功能

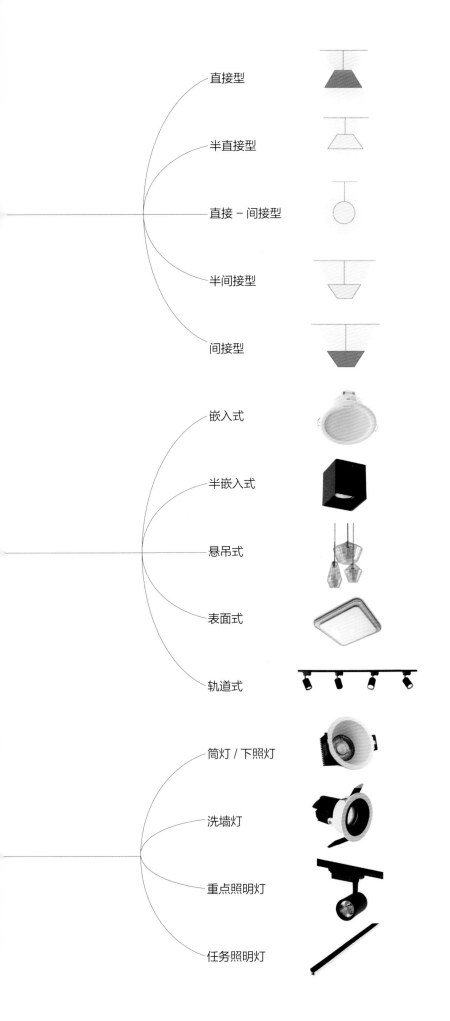

直接型

半直接型

直接 - 间接型

半间接型

间接型

嵌入式

半嵌入式

悬吊式

表面式

轨道式

筒灯 / 下照灯

洗墙灯

重点照明灯

任务照明灯

# 1. 按光通量分布分类

根据灯具光通量在上、下半个空间的分布比例，国际照明委员会（CIE）推荐将一般室内照明灯具分为五类：直接型灯具、半直接型灯具、直接－间接（均匀扩散）型灯具、半间接型灯具和间接型灯具。灯具光通量分布的差异对照明效果影响很大，是满足功能要求和追求室内空间氛围所需考虑的重要因素。

## ● 直接型灯具

直接型灯具的上射光通量比与下射光通量比几乎相等，直接眩光较小。适合用在要求高照度的工作场所，能使空间显得宽敞明亮，如餐厅、购物场所。但是要注意，直接型灯具不适合用在需要显示空间主次的场所。

| 光通比（%） | | 光强分布 |
|---|---|---|
| 上半球 | 下半球 | |
| 0~10 | 90~100 | |

## ● 半直接型灯具

半直接型灯具的上射光通量比在 40% 以内，下射光供工作照明，上射光供环境照明，可缓解阴影，使室内有适合各种活动的亮度。因大部分光供下面的作业照明，同时上射少量的光，从而减轻了眩光，是最实用的均匀作业照明灯具，广泛用于高级会议室、办公室。不适合用于很注重外观设计的场所。

| 光通比（%） | | 光强分布 |
|---|---|---|
| 上半球 | 下半球 | |
| 10~40 | 60~90 | |

## ● 直接－间接（均匀扩散）型灯具

　　直接－间接（均匀扩散）型灯具的上射光通量比与下射光通量比几乎相等，直接眩光较小。一般适用于要求高照度的工作场所，能使空间显得宽敞明亮，例如餐厅与购物场所。不适合用于需要显示空间主次的场所。

| 光通比（%） | | 光强分布 |
| --- | --- | --- |
| 上半球 | 下半球 | |
| 40~60 | 40~60 | |

## ● 半间接型灯具

　　半间接型灯具的上射光通量比超过60%，但灯的底面也发光，所以灯具显得明亮，与顶棚融为一体，看起来既不刺眼，也无剪影。一般用在需要增强照明的手工作业场所，但要避免用在楼梯间，以免下楼者产生眩光。

| 光通比（%） | | 光强分布 |
| --- | --- | --- |
| 上半球 | 下半球 | |
| 60~90 | 10~40 | |

## ● 间接型灯具

　　间接型灯具的上射光通量比超过90%，因顶棚明亮，会反衬出灯具的剪影。灯具出光口与顶棚距离不宜小于500mm。间接型灯具适合用在以显示顶棚图案为目的、高度为2.8~5m的非工作场所，或者用于高度为2.8~3.6m、视觉作业涉及泛光纸张、反光墨水的精细作业场所，但是不适合用在顶棚无装修、管道外露的空间，或视觉作业是以地面设施为观察目标的空间。间接型灯具一般应用于工业生产厂房。

| 光通比（%） | | 光强分布 |
| --- | --- | --- |
| 上半球 | 下半球 | |
| 90~100 | 0~10 | |

## 2. 按安装方式分类

　　室内照明灯具按照安装方式可分为固定式和可移动式灯具两大类，固定式灯具又可以分为嵌入式灯具和明装灯具等几类。

### （1）嵌入式灯具

　　嵌入式灯具一般安装在吊顶上方，几乎完全隐藏在视线外，通过天花开孔来出光。有些嵌入式灯具可以嵌在墙里或者地面。

▼嵌入式的筒灯表面基本与顶面齐平，不会有凸出来的感觉，安装在沙发背后的筒灯可以加强对沙发背景墙的照明，从而突出墙面的装饰，制造空间焦点

**特点** ▶ 与吊顶系统组合在一起；眩光可控制；顶棚与灯具的亮度对比大，顶棚暗；安装费用高。

**适用场所** ▶ 适用于低顶棚但要求眩光小的照明场所。

嵌入式筒灯
（LED 灯泡，9W/4000K）

## （2）半嵌入式灯具

灯具的部分安装在天花上，其余部分可以看到。有时候半嵌入式灯具有部分安装在墙内，露出部分用来做投光。少数情况下会有半嵌入地面安装的灯具。

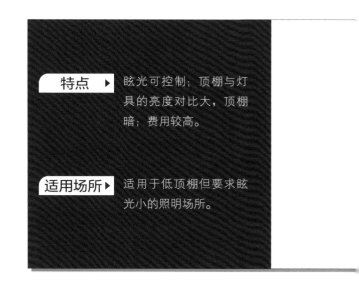

| 特点 ▶ | 眩光可控制；顶棚与灯具的亮度对比大，顶棚暗；费用较高。 |
| --- | --- |
| 适用场所 ▶ | 适用于低顶棚但要求眩光小的照明场所。 |

半嵌入式筒灯
（LED 灯泡，9W/4000K）

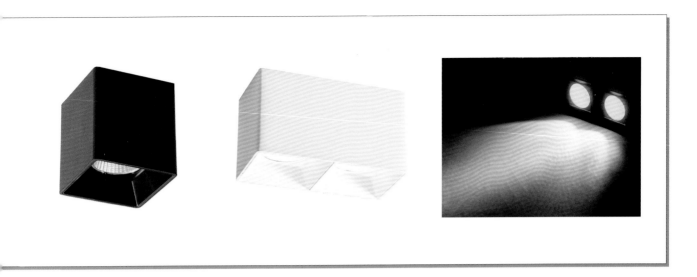

◄半嵌入式筒灯可能在顶面留下外框，如果外框是白色，那么可以与白色顶面融合，保证顶面整体感；如果外框是黑色且顶面没有额外的造型设计，那么反而可以给顶面增加色彩的对比，让顶面更具变化性

### （3）悬吊式灯具

悬吊式灯具的接线盒通常也是嵌入安装在天花板吊顶里，不过灯具本体是从天花板上悬吊下来的，有的用吊杆，有的用链子，也有的用线缆。接线盒表面要加一块盖板，以达到隐藏效果。

安装悬吊式灯具的目的是让光源离被照面更近，或是为了提供一定的上投光照亮天花板，或两者兼有。有时候，安装悬吊式灯具是为了装饰。在天花较高的空间，并不一定要安装悬吊灯具以降低光源高度，这样做会让吊灯本身成为空间里主要的视觉元素，也可以在天花板安装光束角更集中的灯具。

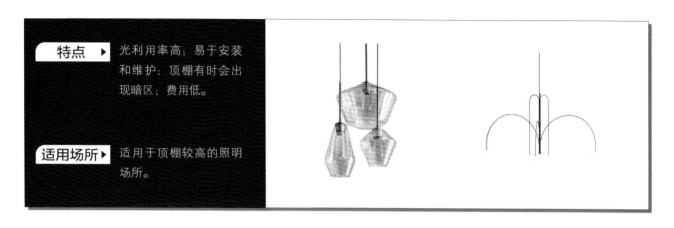

| 特点 ▶ | 光利用率高；易于安装和维护；顶棚有时会出现暗区；费用低。 |
| 适用场所 ▶ | 适用于顶棚较高的照明场所。 |

单头吊灯
（LED 灯泡，7W/2700K）

▼可以在床头两边各设立一个吊灯，从而拉近顶面与地面的距离，也让光线不会刺入眼中，带来非常柔和、舒适的休息氛围

多头吊灯
（LED 灯泡，9~12W/3000K）

▲由于餐桌桌面需要较集中的光线，所以利用多头吊灯满足餐桌的照度需求。另外，可调节高度的吊灯，可以让不同身高的人坐下时不会受到眩光的困扰

## （4）表面式灯具

表面灯具是安装于天花、墙面或地板表面的灯具。如果允许，那么接线盒还要藏到天花板或墙面里，让整体外观显得干净；否则，接线盒就要明装了。无论哪种情况，灯壳都要部分或全部遮挡住接线盒，因为明装灯具本身是空间里的一种设计元素。

| 特点 ▶ | 顶棚较亮；房间明亮；眩光可控制；光利用率高；易于安装和维护；费用低。 |
| --- | --- |
| 适用场所 ▶ | 适用于低顶棚的照明场所。 |

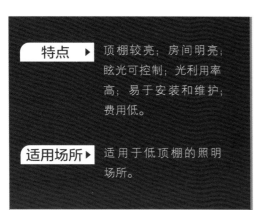

吸顶灯
（LED 灯泡，9W/3000K）

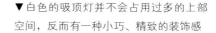

▼白色的吸顶灯并不会占用过多的上部空间，反而有一种小巧、精致的装饰感

吸顶灯
（LED 灯泡，8W/3500K）

▼为了搭配整体的风格选择了水晶吸顶灯，由于造型会好几层，所以表面式灯具更适合层高不高的空间

水晶吸顶灯
（LED 灯泡，12W/2700K）

▲因为在客厅的两面墙上已经有一排轨道灯和亚克力嵌灯，所以客厅中间仅用一盏吸顶灯就能够保证基本的亮度，白色的吸顶灯也不会抢夺视线，给人一种低调、简约的造型美感

## （5）轨道式安装灯具

轨道灯可以嵌入安装、表面安装，也可以悬吊。轨道本身既提供了灯具的支撑，又提供了电气连接，灯体上附加一个变压器就可以通电。轨道式安装的好处主要是安装灵活，尤其适用于被照物和被照面经常变动的空间，多见于博物馆或画廊。

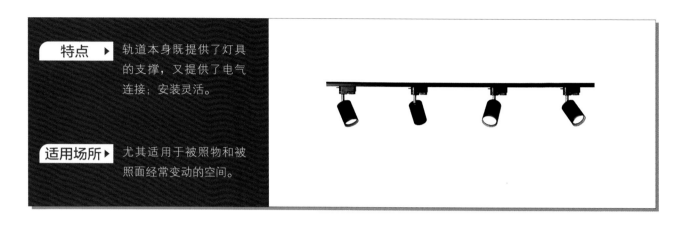

| 特点 ▶ | 轨道本身既提供了灯具的支撑，又提供了电气连接；安装灵活。 |
| 适用场所 ▶ | 尤其适用于被照物和被照面经常变动的空间。 |

轨道筒灯
（ LED 灯泡，20W/3000K ）

▼对于极简风格的客厅来说，轨道筒灯既有实际的照明作用，也有装饰效果

轨道筒灯
（LED 灯泡，12W/3000K）

▲用轨道筒灯装饰两个梁之间的空间，既满足了下方厨房的一般照明需求，又能让原本不怎么美观的顶面变得好看

▼轨道筒灯的位置是可以随意移动的，并不一定要在边角，也可以在顶面中央，照亮正下方的书桌

轨道筒灯
（LED 灯泡，12W/3000K）

## 3. 按照明功能分类

灯具根据照明的功能又可以分为五类：洗墙灯、筒灯/下照灯、重点照明灯具、任务照明灯具等。

### （1）洗墙灯

洗墙灯是一种提供相对均匀的类似"洗亮"照明的灯具，通常是对墙面进行照明，有时也照亮天花板。在中等大小的房间里，墙面是视野中最主要的建筑元素，所以洗墙照明成了照明设计中的重要手法。为了避免被照立面的顶部产生高亮反射，墙面通常需要做亚光处理。镜面表面无法使用这种照亮手法，因为大部分照墙的光线会被反射到地面和天花板上，使墙面并没有被强调。

> **💡 照明贴士**
>
> 洗墙照明就是为了把墙面均匀地照亮，从而把人的注意力吸引到墙面上。照亮墙面主要有两种方式，一是在平行于墙面的天花板上，安装一排非对称配光的洗墙灯具，与墙的距离大约是墙面高度的1/3，灯与灯之间的间距和灯到墙的距离一样；二是在离墙很近的天花板上设计一个灯槽，在里面安装连续的线条洗墙灯。

▲左边那一面弧形的墙上虽然没什么装饰物，但是被十分均匀地照亮了。看上去特别舒服，让人感觉到从这里就可以走向天国。它的光就来自天花板上那一排灯——光是往墙上照的

## （2）筒灯 / 下照灯

筒灯的光分布是由上而下的，通常呈轴对称排列。筒灯在大型空间内大量使用，以提供均匀明亮的环境照明，同时给水平面提供基本的照度。

▶开放式厨房的一般照明用筒灯来实现，不仅可以均衡光线的分布，而且能节省空间

▼沙发上方设立了一排筒灯，从上而下的光线照亮了沙发背景墙的同时，又能为沙发区域提供均衡的光线

## （3）重点照明灯具

可调角度的重点照明灯具可产生非对称的聚光对准一个或多个物体。这类灯具通常采用方向性光源。这类灯也叫作射灯，其作用是给被照物体提供聚焦光，同周围背景形成强烈对比。

无论是什么样的安装方式，可调角度的重点照明灯具的外罩通常都设计带有防眩光遮光片，避免人眼直接看到光源。不过，廉价的灯具可能缺少眩光控制，光源的直射眩光会令人不适。当用来照亮艺术品或其他更大的物体时，重点照明灯具可能配上线性拉伸透镜以改变配光，让光斑边沿更为柔和。线性拉伸透镜通常都由硼酸硅玻璃制成，一般设计时专门拉伸某个方向的光束。如果没有拉伸透镜，那么，这种灯具照射出的是对称的圆形光斑，专门聚焦在小体积的物体上。

💡 **照明贴士**

　　嵌入式可调角度的重点照明灯具通常水平方向可旋转360°，垂直方向可调节 0~35°、40° 或 45°。表面安装、悬吊式以及轨道安装的灯具垂直方向可调角度范围更大，甚至可以超过 90°。

▲对于展示空间而言，可调节的重点照明灯具能够多方位、多角度地为展品提供聚集的光线，从而更好地突出展品

### （4）任务照明灯具

任务照明灯具让光源距离被照面很近，通常是为了对工作面的照度进行补充，因为天花板照明系统的照度可能不够，也有可能由于遮挡造成了阴影。局部的任务照明灯具通常效率都很高，因为光源离被照面很近，所以只需要消耗很低的功率。任务照明灯具提供的照度能够满足精细的纸面文字工作，同时环境照度只需要维持相对较低的水平，以保证视觉舒适度。

任务照明灯具通常安装在橱柜或书架下方、工作面的正上方。这个位置会造成反射眩光，特别是在工作面上会形成光幕反射。解决方法就是使用光学透镜，阻拦垂直光线，让其转向侧面投射到工作面，去除光幕反射。

▶ 衣柜内的任务照明灯具

▲ 玄关柜下的任务照明灯具

# 三、灯具常用的五种材质及其艺术效果

## 1. 金属材料灯具

    金属灯具在现代生活中非常常见。它常常表现出现代、理性、坚硬、冷漠、凉爽的感觉特性。由于金属通常不采用手工制作而是大工业生产，因此使用金属材料在很大程度上具有功能主义的意味。

    金属灯具的形态一般为几何形的组合，色彩多为金属的本色如灰色、黑色、银色、金色等，而金属的加工工艺也决定了它不能有太多炫目和装饰的东西。由于金属材料具有良好的力学性能，可以使用非常纤细的结构来发挥承重和平衡的功能，因此有时候反而可以形成一种轻盈的态势。 总之，金属灯具一般都表达出准确、精确、令人信任的心理感受。

▲ Tom Dixon 设计的 Beat 系列用具有独特美学的手工打制黄铜的方法制成，让铜器变成一盏盏散发着温暖光辉的灯具。Beat 系列造型来自传统的印度炊具和水壶，这个系列中最出彩的要数吊灯，有六种不同的形状，它们可以分别作为一件单品使用，也可以混搭成一组使用

▲ Arco 落地灯巨大的圆形不锈钢灯罩悬挂在一条完美的抛物线吊杆末端，底部由一块几十公斤重的大理石基座支撑。Arco 不是吊灯，却很好地实现了从头顶投射光线，垂钓般的弧线减少了地面使用空间，还可以旋转角度、调节高度，提供更精确的照明

▶ Atollo 台灯的材料为油漆铝材，把光源放在灯罩内，使灯从外面看似乎完全隐蔽，而它的内部和金属包头的光线十分强烈，从对角线角度照亮圆柱体灯座，产生的效果是直接和非直接地以不同强度的反射来照明环境

## 2. 玻璃材料灯具

　　玻璃一直以来都在室内装饰中扮演着重要角色。玻璃既可透光，也能反光，是制作灯具的良好材料。经过特殊加工处理后的玻璃具有柔化光线的作用，可以使灯光优美、柔和。玻璃的可塑性强，可以制作成各种形状，适用于不同光效的空间。

　　玻璃在灯具中的使用，可以通过蚀刻加工处理成各种肌理和图案，还可以结合一定的色彩，呈现出美妙、玄奥的效果。尽管普通玻璃具有易破碎的特点，但是经过钢化处理的玻璃刚硬、坚实，具有很高的强度，而且破碎后不会产生锐角，有安全保障。

▲ PH Artichoke Glass，其中的 72 个叶片均采用手工吹制玻璃加以喷砂工序的处理，由于每个叶片打造的弧度与尺寸必须严苛地精准管控，因此其制作过程成为一项极高难度的工艺挑战。纯手工打造的玻璃叶片赋予了该灯具令人赞叹的优雅样貌，穿透与折射于喷砂玻璃叶片间的柔美光晕，呈现出宛如冰雾般与众不同的视觉效果，为居家氛围增添更优质的生活品位

# 室内照明

## 设计全书

附赠品

# 目录

# 一、光源标准

## 1.LED（GB/T 31831—2015）

表 1-1    LED 球泡灯规格分类

| 额定光通量（lm） | 最大功率（W） |
|---|---|
| 150 | 3 |
| 250 | 4 |
| 500 | 8 |
| 800 | 13 |
| 1000 | 16 |

表 1-2    直管型 LED 光源规格分类

| 名称 | 额定光通量（lm） | 最大功率（W） | 标称长度（mm） |
|---|---|---|---|
| T5 管 | 600 | 8 | 550 |
| | 800 | 11 | |
| | 900 | 12 | 850 |
| | 1200 | 16 | |
| | 1300 | 18 | 1150 |
| | 1600 | 22 | 1150/1450 |
| | 2000 | 27 | 1450 |
| T8 管 | 800 | 11 | 600 |
| | 1000 | 13 | |
| | 1200 | 16 | 900 |
| | 1500 | 20 | |
| | 2000 | 27 | 1200/1500 |
| | 2500 | 34 | 1500 |

表 1-3　定向 LED 光源规格分类

| 名称 | 额定光通量（lm） | 最大功率（W） |
|---|---|---|
| PAR16 | 250 | 5 |
| | 400 | 8 |
| PAR20 | 400 | 8 |
| | 700 | 14 |
| PAR30/ PAR38 | 700 | 14 |
| | 1100 | 20 |

表 1-4　LED 筒灯规格分类

| 额定光通量（lm） | 最大功率（W） | 口径尺寸规格 | |
|---|---|---|---|
| | | in | mm |
| 300 | 5 | 2 | 51 |
| 400 | 7 | 2、3、3.5、4 | 51、76、89、102 |
| 600 | 11 | 2、3、3.5、5、6 | 51、76、89、102、127、152 |
| 800 | 13 | 3、3.5、5、6 | 76、89、102、127、152 |
| 1100 | 18 | 3、3.5、5、6、8 | 76、89、102、127、152、203 |
| 1500 | 26 | 5、6、8 | 127、152、203 |
| 2000 | 36 | 6、8 | 152、203 |
| 2500 | 42 | 8、10 | 203、254 |

表 1–5　LED 线形灯具规格分类

| 额定光通量（lm） | 最大功率（W） | 标称长度（mm） |
| --- | --- | --- |
| 1000 | 13 | 600 |
| 1500 | 20 | 600/1200 |
| 2000 | 27 | 1200/1500 |
| 2500 | 35 | 1200/1500 |
| 3250 | 42 | 1200/1500 |

表 1–6　LED 平面灯具规格分类

| 额定光通量（lm） | 最大功率（W） | 标称长度（mm） |
| --- | --- | --- |
| 600 | 10 | 300×300 |
| 800 | 13 | 300×300 |
| 1100 | 18 | 300×600 |
| 1500 | 25 | 600×600/300×1200 |
| 2000 | 35 | 600×600/300×1200 |
| 2500 | 42 | 600×1200 |
| 3000 | 50 | 600×1200 |

表 1–7　LED 高天棚灯具规格分类

| 额定光通量（lm） | 最大功率（W） |
| --- | --- |
| 2500 | 30 |
| 3000 | 36 |
| 4000 | 50 |
| 6000 | 70 |

| 额定光通量（lm） | 最大功率（W） |
|---|---|
| 9000 | 110 |
| 12000 | 150 |
| 18000 | 200 |
| 24000 | 300 |

表 1-8　LED 灯具用于各类场所的要求

| | |
|---|---|
| **家居照明** | ①发光面平均亮度高于 2000cd/m² 的 LED 灯具不宜用于卧室、起居室的一般照明。<br>②厨房和卫生间的一般照明宜采用带罩的漫射型 LED 灯具。<br>③局部照明宜采用直接型 LED 灯具 |
| **办公建筑照明** | ①办公室、会议室的一般照明宜采用半直接型宽配光吊装 LED 灯具。<br>②会议室的一般照明可采用变色温 LED 灯具，并设置多种照明模式。<br>③LED 灯具宜与空调回风口结合设置，以便散热及保证最佳的光通量输出 |
| **商店建筑照明** | ①一般照明宜采用直接型 LED 灯具。<br>②重点照明宜采用光线控制性较强的 LED 灯具。<br>③小型超市宜采用宽配光 LED 灯具，并沿货架间通道布设。<br>④大型超市促销区的重点照明用 LED 灯具，宜采用轨道式移动灯架，灯具光束角不宜大于 60°。<br>⑤橱窗照明用 LED 灯具，宜为带格栅灯具或漫射型灯具。当采用带有遮光格栅的灯具并安装在橱窗顶部距地高度大于 3m 时，灯具遮光角不宜小于 30°；如安装高度低于 3m，则灯具遮光角不宜小于 45° |
| **旅馆建筑照明** | ①直接型 LED 灯具遮光角和发光面亮度应符合表 1-2 的规定。<br>②客房、卫生间镜前灯应安装在主视野范围以外，灯具发光面平均亮度不宜大于 2000cd/m²。<br>③额定光通量大于 250lm 的灯具不宜作为客房夜灯。<br>④中庭和共享空间用 LED 灯具，宜采用窄配光的直接型高天棚灯具。<br>⑤防护等级低于 IP44 的 LED 灯具不应用于后厨作业区。<br>⑥西餐厅、酒吧等区域的 LED 地脚灯，防护等级不应低于 IP44，且具备较强抗冲击性 |
| **博览建筑照明** | ①展厅内一般照明应采用直接型灯具。<br>②立体展品照明用 LED 灯具，不应产生阴影。<br>③对光线敏感的展品照明用 LED 灯具，紫外线含量应小于 20μW/lm。<br>④灯具安装高度大于 8m 的展厅的一般照明用宜采用窄配光 LED 灯具。<br>⑤洽谈室、会议室、新闻发布厅等的一般照明宜采用宽配光 LED 灯具 |

| 工业建筑照明 | ①灯具的防护等级和相关特性应满足场所的环境条件要求，灯具的反射和透射材料应具有良好的抗老化性能。<br>②一般照明用 LED 灯具的一般显色指数应符合以下规定：<br>　　a）安装高度大于 8m 的大空间场所时不宜低于 60；<br>　　b）用于对分辨颜色有要求的场所时不宜低于 80；<br>　　c）用于颜色检验的局部照明时不宜低于 90。<br>③安装高度不大于 5m 的精加工或成品检验场所的一般照明宜采用宽配光 LED 灯具 |
|---|---|

表 1-9　LED 光源产品替换建议

| 额定光通量（lm） | | 最大功率（W） | 替换产品 |
|---|---|---|---|
| 非定向 LED 光源 | 球泡灯 | 150 | 3 | 15 W 白炽灯 |
| | | 250 | 4 | 25 W 白炽灯 /5 W 普通照明用自镇流荧光灯 |
| | | 500 | 8 | 40 W 白炽灯 /9 W 普通照明用自镇流荧光灯 |
| | | 800 | 13 | 60 W 白炽灯 /11 W 普通照明用自镇流荧光灯 |
| | | 1000 | 16 | 28W~32W 单端荧光灯 |
| | 直管型 | 600 | 8 | 8W T5 管 |
| | | 800 | 11 | 13W T5 管 |
| | | 900 | 12 | 13W T5 管 |
| | | 1000 | 13 | 18W T8 管（卤粉） |
| | | 1200 | 16 | 18W T5 管 /18W T8 管（卤粉） |
| | | 1300 | 18 | 14W T5 管 /18W T5 管（卤粉） |
| | | 1500 | 20 | 23W T8 管（卤粉） |
| | | 1600 | 22 | 20W T5 管 /23W T8 管（卤粉） |
| | | 2000 | 27 | 21W T5 管 /30W T8 管（卤粉） |
| | | 2500 | 34 | 28W T5 管 /38W T8 管（卤粉） |

| 额定光通量（lm） | | 最大功率(W) | 替换产品 |
|---|---|---|---|
| 定向 LED 光源 | PAR16 | 250 | 5 | 20W 卤钨灯 |
| | | 400 | 8 | 35W 卤钨灯 |
| | PAR20 | 400 | 8 | 35W 卤钨灯 |
| | | 700 | 14 | 50W 卤钨灯 |
| | PAR30/ PAR38 | 700 | 14 | 50W 卤钨灯 |
| | | 1100 | 20 | 75W 卤钨灯 |

表 1-10　LED 筒灯产品替换建议

| 额定光通量（lm） | 最大功率（W） | 替换产品（紧凑型荧光灯筒灯）（W） |
|---|---|---|
| 300 | 5 | 9~10 |
| 400 | 7 | 11~13 |
| 600 | 11 | 18 |
| 800 | 13 | 24~27 |
| 1100 | 18 | 28~32 |
| 1500 | 26 | 36~40 |
| 2000 | 36 | 55 |
| 2500 | 42 | 80 |

表 1-11　LED 线形灯具产品替换建议

| 额定光通量（lm） | 最大功率（W） | 替换产品（支架灯） |
|---|---|---|
| 1000 | 13 | 18W T8 管（卤粉） |
| 1500 | 20 | 30W T8 管（卤粉） |
| 2000 | 27 | 36W T8 管（卤粉） |
| 2500 | 35 | |
| 3250 | 42 | 58W T8 管（卤粉） |

表 1-12　LED 平面灯具产品替换建议

| 额定光通量（lm） | 最大功率（W） | 替换产品 | |
|---|---|---|---|
| 600 | 10 | 吸顶灯 | 16W 方形荧光灯 |
| 800 | 13 | 吸顶灯 | 21W 方形荧光灯 / 22W 环形荧光灯 |
| 1100 | 18 | 吸顶灯 | 28W 方形荧光灯 |
| 1100 | 18 | 格栅灯 | 30W 直管（卤粉） |
| 1500 | 25 | 吸顶灯 | 38W 方形荧光灯 / 40W 环形荧光灯 |
| 1500 | 25 | 格栅灯 | 36W 直管（卤粉） |
| 2000 | 35 | 吸顶灯 | 60W 环形荧光灯 |
| 2500 | 42 | 格栅灯 | 30W 直管（卤粉双管） 58W 直管（卤粉） |
| 3000 | 50 | 格栅灯 | 36W 直管（卤粉双管） |

表 1-13　LED 高天棚灯具产品替换建议

| 额定光通量（lm） | 最大功率（W） | 替换产品 |
|---|---|---|
| 2500 | 30 | 80W 高压汞灯 /50W 金卤灯 |
| 3000 | 36 | 100W 高压汞灯 /50W 金卤灯 |
| 4000 | 50 | 125W 高压汞灯 /70W 金卤灯 |
| 6000 | 70 | 100W 金卤灯 |
| 9000 | 110 | 250W 高压汞灯 |
| 12000 | 150 | 400W 高压汞灯 |
| 18000 | 200 | 250W 金卤灯 |
| 24000 | 300 | 400W 金卤灯 |

## 2. 普通照明用自镇流荧光灯（GB 17263—2013）

表 1-14 灯的外形尺寸

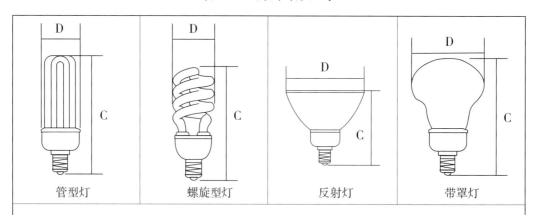

| 管型灯 | 螺旋型灯 | 反射灯 | 带罩灯 |

说明：C 表示灯的最大长度 ( 从灯头底部到灯管或灯罩的顶部的距离 )，单位为毫米 (mm)；D 表示灯的最大直径 ( 灯管或灯罩或塑料件的外径的最大值 )，单位为毫米 (mm)。

表 1-15 标称灯与白炽灯等值的最小光通量要求

| 标称等同的白炽灯的功率（W） | 灯的最小额定光通量（lm） |
|:---:|:---:|
| 15 | 125 |
| 25 | 229 |
| 40 | 432 |
| 60 | 741 |
| 75 | 970 |
| 100 | 1398 |
| 150 | 2253 |
| 200 | 3172 |

表 1-16 灯的颜色特性

| 色调 | 表示符号 | 相关色温目标值 [a]/K | 色坐标目标值 [b] | | 色容差 SDCM | 平均显色指数 Ra |
| --- | --- | --- | --- | --- | --- | --- |
| | | | x | y | | |
| F6500（日光色） | RR | 6430 | 0.313 | 0.337 | ≤ 5 | 80 |
| F5000（中性白色） | RZ | 5000 | 0.346 | 0.359 | | |
| F4000（冷白色） | RL | 4040 | 0.380 | 0.380 | | |
| F3500（白色） | RB | 3450 | 0.409 | 0.394 | | |
| F3000（暖白色） | RN | 2940 | 0.440 | 0.403 | | |
| F2700（白炽灯色） | RD | 2720 | 0.463 | 0.420 | | |

说明：a 为不考核项目。

　　b 表示标准颜色的色坐标目标值为 GB/T 10682—2010 附录 D 中推荐的标准颜色色坐标目标值。企业可根据用户的要求制造非标准颜色的灯，但应同时给出非标准颜色色坐标的目标值，且其容差应符合本标准的要求。

表 1-17 灯的初始光效

| 额定功率范围（W） | 光效（lm/W） | |
| --- | --- | --- |
| | 颜色：RZ/RR | 颜色：RL/RB/RN/RD |
| ≤ 5 | 36 | 38 |
| 6~8 | 44 | 46 |
| 9~14 | 51 | 54 |
| 15~24 | 57 | 60 |
| ≥ 25 | 61 | 64 |

表 1-18　中值寿命

| |
|---|
| 管径大于 T2 的裸灯的额定中值寿命应不低于 10000h。管径为 T2 的螺旋形裸灯的额定中值寿命应不低于 8000h |
| 带罩灯（包括反射灯）的额定中值寿命应不低于 6000h。在 30% 额定寿命之前失效的灯的数量应不超过 20% |
| 在 60% 额定寿命之前失效的灯的数量应不超过 30% |

表 1-19　灯的含汞量

| 灯功率 | 合格 | | 低汞 | | 微汞 | |
|---|---|---|---|---|---|---|
| | 含汞量 | 极差 | 含汞量 | 极差 | 含汞量 | 极差 |
| 30W 及以下 | 2.5 | 1.5 | 1.5 | 1.0 | 1.0 | 0.5 |
| 30W 以上 | 3.5 | 2.0 | 2.5 | 1.5 | 1.5 | 1.0 |

# 二、灯具标准

## 1. 灯具的分类（GB 7000.1—2015）

表 2-1　按防触电保护形式分类

| 灯具等级 | 灯具主要性能 | 应用说明 |
|---|---|---|
| I | 除基本绝缘外，在易触及的导电外壳上有接地措施，使之在基本绝缘失效时不致带电 | 除采用 II 类或 III 类灯具外的所有场所，用于各种金属外壳，如投光灯、路灯、工厂灯、格栅灯、筒灯、射灯等 |
| II | 不仅依靠基本绝缘，而且具有附加安全措施，例如双重绝缘或加强绝缘，没有保护接地或依赖安装条件的措施 | 人体经常接触，需要经常移动、容易跌倒或要求安全程度特别高的灯具 |
| III | 防触电保护以电源电压为安全特低电压，并且不会产生高于 SELV 的电压（交流电不大于 50V） | 可移动式灯、手提灯、机床工作灯等 |

表 2-2　对接近危险部件的防护等级

| 第一位特征数字 | 防护等级 | |
| --- | --- | --- |
| | 简要说明 | 含义 |
| 0 | 无防护 | — |
| 1 | 防止手背接近危险部件 | 直径 50mm 的球型试具应与危险部件有足够的间隙 |
| 2 | 防止手指接近危险部件 | 直径 12mm、长 80mm 的铰接试具应与危险部件有足够的间隙 |
| 3 | 防止工具接近危险部件 | 直径 2.5mm 的试具不得进入壳内 |
| 4、5、6 | 防止金属线接近危险部件 | 直径 1.0mm 的试具不得进入壳内 |

## 2. 灯具效率或灯具效能（GB 50034—2013）

表 2-3　直管形荧光灯灯具的效率 (%)

| 灯具出光口形式 | 开敞式 | 保护罩（玻璃或塑料） | | 格栅 |
| --- | --- | --- | --- | --- |
| | | 透明 | 棱镜 | |
| 灯具效率 | 75 | 70 | 55 | 65 |

表 2-4　紧凑型荧光灯筒灯灯具的效率 (%)

| 灯具出光口形式 | 开敞式 | 保护罩 | 格栅 |
| --- | --- | --- | --- |
| 灯具效率 | 55 | 50 | 45 |

表 2-5　小功率金属卤化物灯筒灯灯具的效率 (%)

| 灯具出光口形式 | 开敞式 | 保护罩 | 格栅 |
| --- | --- | --- | --- |
| 灯具效率 | 60 | 55 | 50 |

表 2-6　高强度气体放电灯灯具的效率 (%)

| 灯具出光口形式 | 开敞式 | 格栅或透光罩 |
| --- | --- | --- |
| 灯具效率 | 75 | 60 |

表 2-7　发光二极管筒灯灯具的效能 (lm/W)

| 色温 | 2700K | | 3000K | | 4000K | |
|---|---|---|---|---|---|---|
| 灯具出光口形式 | 格栅 | 保护罩 | 格栅 | 保护罩 | 格栅 | 保护罩 |
| 灯具效率 | 55 | 60 | 60 | 65 | 65 | 70 |

表 2-8　发光二极管平面灯灯具的效能 (lm/W)

| 色温 | 2700K | | 3000K | | 4000K | |
|---|---|---|---|---|---|---|
| 灯盘出光口形式 | 反射式 | 直射式 | 反射式 | 直射式 | 反射式 | 直射式 |
| 灯盘效能 | 60 | 65 | 65 | 70 | 70 | 75 |

## 3. 灯具遮光角（GB 50034—2013）

表 2-9　直接型灯具的遮光角

| 光源平均亮度 (kcd/m$^2$) | 遮光角 (°) |
|---|---|
| 1~20 | 10 |
| 20~50 | 15 |
| 50~500 | 20 |
| ≥ 500 | 30 |

表 2-10　灯具平均亮度限值 (cd/m$^2$)

| 屏幕分类 | 灯具平均亮度限值 | |
|---|---|---|
| | 屏幕亮度大于200 | 屏幕亮度小于等于200 |
| 亮背景暗字体或图像 | 3000 | 1500 |
| 暗背景亮字体或图像 | 1500 | 1000 |

# 三、照明数量和质量

## 1. 照度

表 3-1　作业面邻近周围照度（lx）

| 作业面照度 | 作业面邻近周围照度 |
|---|---|
| ≥ 750 | 500 |

| 作业面照度 | 作业面邻近周围照度 |
|---|---|
| 500 | 300 |
| 300 | 200 |
| ≤ 200 | 与作业面照度相同 |

注：作业面邻近周围指作业面外宽度不小于 0.5m 的区域。

## 2. 照明功率密度限值

表 3-2　住宅建筑每户照明功率密度限值

| 房间或场所 | 照度标准值（lx） | 照明功率密度限值（W/㎡） | |
|---|---|---|---|
| | | 现行值 | 目标值 |
| 起居室 | 100 | | |
| 卧室 | 75 | | |
| 餐厅 | 150 | ≤ 6.0 | ≤ 5.0 |
| 厨房 | 100 | | |
| 卫生间 | 100 | | |
| 职工宿舍 | 100 | ≤ 4.0 | ≤ 3.5 |
| 车库 | 30 | ≤ 2.0 | ≤ 1.8 |

表 3-3　图书馆建筑照明功率密度限值

| 房间或场所 | 照度标准值（lx） | 照明功率密度限值（W/㎡） | |
|---|---|---|---|
| | | 现行值 | 目标值 |
| 一般阅览室、开放式阅览室 | 300 | ≤ 9.0 | ≤ 8.0 |
| 目录厅（室）、出纳室 | 300 | ≤ 11.0 | ≤ 10.0 |
| 多媒体阅览室 | 300 | ≤ 9.0 | ≤ 8.0 |
| 老年阅览室 | 500 | ≤ 15.0 | ≤ 13.5 |

表 3-4　美术馆建筑照明功率密度限值

| 房间或场所 | 照度标准值（lx） | 照明功率密度限值（W/㎡） | |
| --- | --- | --- | --- |
| | | 现行值 | 目标值 |
| 会议报告厅 | 300 | ≤ 9.0 | ≤ 8.0 |
| 美术品售卖区 | 300 | ≤ 9.0 | ≤ 8.0 |
| 公共大厅 | 200 | ≤ 9.0 | ≤ 8.0 |
| 绘画展厅 | 100 | ≤ 5.0 | ≤ 4.5 |
| 雕塑展厅 | 150 | ≤ 6.5 | ≤ 5.5 |

表 3-5　科技馆建筑照明功率密度限值

| 房间或场所 | 照度标准值（lx） | 照明功率密度限值（W/㎡） | |
| --- | --- | --- | --- |
| | | 现行值 | 目标值 |
| 科普教室 | 300 | ≤ 9.0 | ≤ 8.0 |
| 会议报告厅 | 300 | ≤ 9.0 | ≤ 8.0 |
| 纪念品售卖区 | 300 | ≤ 9.0 | ≤ 8.0 |
| 儿童乐园 | 300 | ≤ 10.0 | ≤ 8.0 |
| 公共大厅 | 200 | ≤ 9.0 | ≤ 8.0 |
| 常设展厅 | 200 | ≤ 9.0 | ≤ 8.0 |

表 3-6　博物馆建筑照明功率密度限值

| 房间或场所 | 照度标准值（lx） | 照明功率密度限值（W/㎡） | |
| --- | --- | --- | --- |
| | | 现行值 | 目标值 |
| 会议报告厅 | 300 | ≤ 9.0 | ≤ 8.0 |
| 美术制作室 | 500 | ≤ 15.0 | ≤ 13.5 |
| 编目室 | 300 | ≤ 9.0 | ≤ 8.0 |
| 藏品库房 | 75 | ≤ 4.0 | ≤ 3.5 |
| 藏品提看室 | 150 | ≤ 5.0 | ≤ 4.5 |

▲ COSY 台灯系列专注于玻璃的吸引力及其不断变化的反射之美，将灯泡放在设计的中心，灯由口吹玻璃制成，并带有纺织弦。它可为任何环境增添个性和营造氛围，无论放在桌子上、架子上还是在地板上

▶安杰罗·蒙佳若迪设计的这款名为 LESBO 的灯具，在一整块乳色亮中包容三种不同的功能座：座、身和散光罩。它的特色其实就在于它所使用的材料及独一无的手工工艺——穆拉诺玻璃。意大利穆拉诺岛的玻璃制作工艺自 19 世纪起就开始闻名于世，因为是手工制作，玻璃看起来一样但又略有不同，因为不同地方的色调和厚度不同，使人们可根据需要来获取或亮或弱的光线。曲线和软的设计让人在光源中产生对性感的独特理解

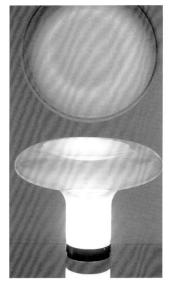

▶意大利设计师 Pepe-Tanzi 设计的这盏拉索吊灯是一个中空的、用玻璃制成的云朵状物体。磨砂玻璃由于表面粗糙，产生漫射，透光而不透视，使室内光线柔和而不刺目

## 3. 塑料灯具

　　塑料材料是以合成树脂为主要成分，结合一定的添加剂，在一定温度下加工而成的材料。因为塑料的抗腐蚀能力强，所以塑料灯具一般强度高、质量轻，也具有很好的防水性。塑料的成本低廉，可塑性强，加工工艺简单，并且具有良好的透光性能，所以在灯具中得到广泛运用。但塑料耐热性能差，所以作为灯具材料要考虑与光源保持一定距离或选用低温光源。

　　与金属材料灯具常用的灰黑或银白不同，塑料材料的灯具通常有着更鲜艳、更丰富的色彩，因此，塑料灯具会给人更加温暖的质感。

◀ Le Klint 172 最具特色的自然是灯具上的褶皱，这来自 Le Klint 独具匠心的打褶工艺，通过数学演算创造出的波浪状的曲线优雅流畅，用丙烯酸塑料表现出线条的柔美和光线的律动

◀ 这个名叫 "Crinkle Lamp" 的作品由美国设计师 Lyn.Godley 和 Lloyd.Schwan 于 1996 年设计，靠一个 40 瓦的白炽灯发光。其直径约为 305 mm。这个看上去极有张力的作品实际上通过简单的方法就可以做好：把几张色彩鲜艳的方形乙烯基塑料加热，然后做成各种褶皱的外形，每一件的外形都有所不同，颜色也有白、黄、粉红、蓝、绿、红和紫等多种

▲ Nelson 气泡灯优雅的固定结构由坚固耐用的轻型钢架制作而成，外面是半透明的白色喷塑材料，它根据多种球状轮廓分成多个种类，能为室内设计增添一缕温婉柔美的光彩

## 4. 木、竹、藤类材料灯具

　　木、竹、藤三种材质，质量轻，强度高，材料可塑性较好，且容易进行装饰处理，所以是灯具构架及装饰构件的理想材料。由于木、竹、藤类材料本身就带有自然感，所以用此类材料制成的灯具通常也有非常浓厚的天然韵味。

▲ 手工和纸包裹竹制灯骨的工艺，保证了 Akari 灯的质地轻透纤柔。制作灯罩的桑皮纸不仅藏起了灯泡，还柔化了它刺眼的光芒

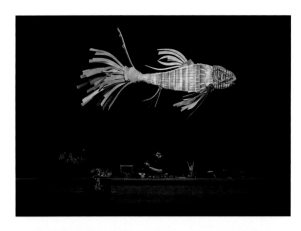

◀ La LZF Lamps 是西班牙一家专业生产薄木片灯具的公司，受半透明鱼鳞构造的启发，在 2011 年的米兰国际灯展上展示出这件由 4000 多块木料组成的灯具

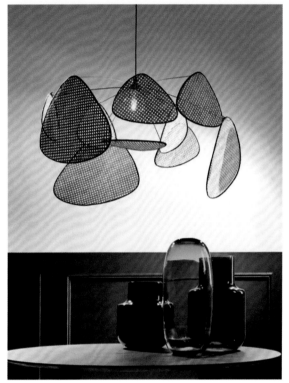

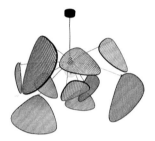

◀ 这是 Market Set 品牌 XXL Screen 系列的一款吊灯，由 Market Set 工作室设计，法国制造，整个吊灯犹如散开的花朵，10 片独立的灯罩从中心向外展开，大大小小的"翅膀"由藤编材质制作而成，周围则用黑色织物包边

## 5. 石材灯具

　　石材在灯具中的应用主要以大理石和玉石为主，通常被用于制作灯罩和灯体。大理石不仅具有美丽的纹理，而且某些大理石还具有很好的透光性，经常被用于制作灯罩，以投射出优美的光线，具有很好的装饰效果。但由于石材加工难度较大，因而石材灯具价格不菲。目前，市场上出现了仿石材灯具，多为人造树脂合成材料制成。

# 四、十二种常见灯具的形态与风格

## 1. 新中式风格灯具

新中式风格灯具是将古典灯具中的优秀元素与现代潮流、时尚相结合的产物，形神上带有古韵，外形上却非常时尚，它不是古典元素的简单累积或复古，经过提炼后更适应现代住宅的结构，是人们对古典文化精神的传递。

▲金属框架传统符号装饰灯

▲金属＋玻璃仿宫灯式灯

▲中式神韵金属框架彩绘灯

▲中式神韵纱罩灯

▲中式神韵布罩灯

▲金属中式元素雕花布罩灯

▲中式陶瓷装饰灯

▲灯笼形复古灯

▲中式元素立体造型灯

▲立体中式造型水晶灯

▲鸟笼形复古灯

▲立体布艺莲花灯

▲仍然带有传统的文化符号，但不像中式灯具那样具象，且雕花等复杂的元素大大减少，整体更简洁、时尚

◀灯具的结构更实用、舒适，改变了传统过分横平竖直的线条，更加符合人体工程学

▲灯具不再仅限于实木结构，而是更多地使用现代材料，如各种金属、人造板、布艺等

## 2. 现代风格灯具

　　现代风格灯具具有时尚、简洁的气质，在崇尚个性的年代里被越来越多的人喜爱。所使用的材料具有超强的时代感，代表着一种潮流。灯具无论造型还是色彩组合，没有特定的框架拘束，随心所欲，不仅适合现代风格的居室，还可在其他风格家居中做混搭。

▲立体几何形金属灯

▲全金属灯

▲金属鸟笼灯

▲金属 + 玻璃造型灯

▲创意金属片组合灯具

▲创意亚克力灯具

▲叠加几何造型金属灯

▲金属 + 珠片灯

▲金属 + 亚克力创意灯具

▲创意组合金属灯

▲立体造型组合金属灯

▲玻璃金属立体造型布罩灯

▼简约、另类、追求时尚是现代风格灯具的最大特点。材质一般为具有个性科技感的各种金属、另类气息的玻璃、晶莹的珠片、立体造型的亚克力等

▲在外观和造型上以另类的表现手法为主，不再仅限于具象的造型，有时甚至会使用抽象的立体组合形式。色调以白色、灰色、黑色以及金属色等无色系居多

## 3. 简约风格灯具

现代简约风格讲求"少即是多"，灯具也呼应该设计理念，线条通常柔美雅致，简练而精致，没有过多且复杂的装饰。除了简约的造型外，还讲求实用性，以精简的造型、色彩和光源恰到好处的运用来表达完美的空间艺术效果。

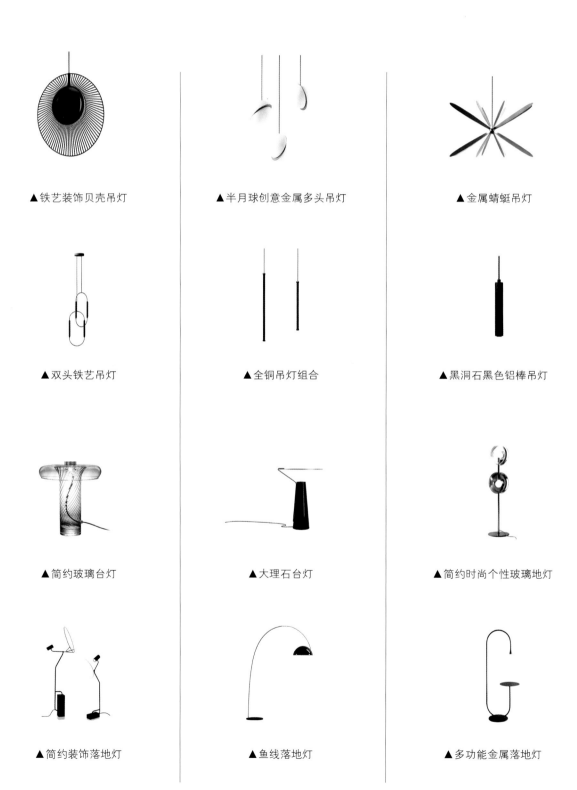

| ▲铁艺装饰贝壳吊灯 | ▲半月球创意金属多头吊灯 | ▲金属蜻蜓吊灯 |
| ▲双头铁艺吊灯 | ▲全铜吊灯组合 | ▲黑洞石黑色铝棒吊灯 |
| ▲简约玻璃台灯 | ▲大理石台灯 | ▲简约时尚个性玻璃地灯 |
| ▲简约装饰落地灯 | ▲鱼线落地灯 | ▲多功能金属落地灯 |

▲简约灯在造型上主要体现为一个金属基架托着一盏或几盏灯。金属基架常见色为银白色、黑色或白色

▲简约风格的灯具灯罩色彩常见的有无色系的黑、白、灰，或明亮的彩色，也可以是磨砂质感的外罩

◀灯罩的设计是现代简约风格灯具的主要体现，造型多变但大都非常简洁，所用材料一般为玻璃、金属等，表面有的平滑无装饰，有的则配以各种几何线条式的设计

## 4. 北欧风格灯具

简洁、实用、环保的理念渗透在北欧风格的灯具设计中，以木料、原始感的金属为主，灯罩多为玻璃、亚克力等，罩面很少带图案，而是以颜色取胜。

▲浅色原木＋金属灯

▲马卡龙色极简金属灯

▲金属＋玻璃泡泡灯

▲极简几何造型金属灯

▲马卡龙色极简藤艺灯

▲极简造型全金属灯

▲马卡龙色钻石面金属灯

▲马卡龙色钻石面金属灯

▲镂空几何体金属灯

▲极简造型浅色原木灯

▲创意多层几何造型金属灯

▲创意浅木色木皮灯

▲北欧风格的灯具外形极简，简约大方，实用性强，同时具有优雅的美感

◀与家具不同的是，北欧风格灯具的主材不再仅限于木料，金属材料被更多地运用，外表具有朴实感

▲北欧著名的一些设计师设计的灯具也常
会出现

▶色彩比较多样化，但都给人非常舒适的
感觉，黑、白、原木、红、蓝、粉、绿等
都比较多见

## 5. 工业风格灯具

工业风格的灯具往往造型并不复杂，反而给人一种简洁利落的感觉。相比于多种色彩的灯罩，黑色、白色或灰色的金属灯罩更适合冷峻又理性的工业风。在工业风格中也常见到灯泡造型的灯具，舍掉灯罩，给人一种粗犷感。

▲ 组合射灯　　　　　　　　▲ 线锁吊灯　　　　　　　　▲ 黑色金属灯罩吊灯

▲ 多头灯泡吊灯　　　　　　▲ 全铜个性吊灯　　　　　　▲ 创意多头壁灯

▲ 可调节金属壁灯　　　　　▲ 全铜金属壁灯　　　　　　▲ 铝质单头吊灯

▲ 金属防水壁灯　　　　　　▲ 带防护罩吊灯　　　　　　▲ 单头灯泡吊灯

▲工业风并不在乎暴露的管线，反而喜欢用各种管线装饰顶面，因此轨道灯也是工业风格最常用的灯具之一

▼铁艺灯的硬朗感也十分适合工业风格的空间，加上裸露的灯泡，可以将工业感表现得更彻底

▲工业风格相比于其他装修风格来说更自由一点，简约金属灯具是工业风格中最经典也是最易搭配的，不论是混搭还是复古工业风，都不容易出错，而且看起来非常有性格

▶只有灯泡、没有灯罩的灯具反而非常符合工业风格的粗犷印象，夸张的造型将不羁的气氛烘托至极

# 6. 法式风格灯具

使用法式风格进行装饰的住宅大多比较宽敞、高大、豪华而舒适，同时也带有一种绅士的感觉，并不庸俗，需要很多细节的配合。灯具是细节搭配的重点，其设计讲求突出优雅、高贵和浪漫，具有独特的韵律美。

▲洗白处理实木灯

▲铜杆水晶灯

▲全铜雕花灯

▲铜雕花水晶灯

▲铜雕花布艺罩灯

▲动物造型铜 + 石材灯

▲铜雕花陶瓷装饰灯

▲铜雕花陶瓷布艺罩灯

▲全铜水晶吊灯

▲全铜蜡烛造型水晶吊灯

▲铁艺古典水晶壁灯

▲全铜复古雕花壁灯

◄法式灯具的灯光多
为柔和的色彩，突出
浪漫感。灯罩多用单
一的颜色，且以浅色
为主

▲法式灯具的框架本身也是装饰的一部分，为了突出材质本身的特点，一般采用金色、古铜色、黑色铸铁和铜质为框架

▼法式灯具细节处理上会较多地使用一些雕花手法，注重细节的设计，各种水晶挂件是最常见的装饰性设计

## 7. 美式风格灯具

美式风格灯具可划分为乡村风格和现代美式风格两大类。乡村风格的灯具比较粗犷简洁、崇尚自然，颜色较单一；而现代美式风格灯具则更简约、时尚一些，材料的组合范围有所增加。除此以外，还可使用一些比较简洁的乡村风格灯具或其他简约类风格的灯具做混搭。

▲ 做旧金属布艺罩灯

▲ 做旧金属白色玻璃罩灯

▲ 做旧金属透明玻璃罩灯

▲ 铜雕花水晶灯

▲ 做旧金属麻绳灯

▲ 做旧实木金属灯

▲ 亮面金属布艺罩灯

▲ 亮面金属玻璃罩灯

▲ 大地色树脂鹿角灯

▲ 树脂做旧效果彩绘灯

▲ 全铜彩绘陶瓷布罩灯

▲ 做旧效果树脂布艺罩灯

▲美式灯具注重古典情怀，但风格和造型相对简约，外观简洁大方，更注重休闲和舒适感

▲现代美式灯具灯罩常使用透明玻璃。框架常见的色彩有黑色、大地色系、古铜色和少量银色等

▲乡村灯具用材多以树脂、铁艺和铜为主，多进行做旧处理；现代美式灯具选材有所扩大，除以上材质外，还加入了亮面的金属

▲美式风格灯具常见金色或古铜色，搭配白色的灯罩，给人一种精致但不矫揉的感觉

## 8. 简欧风格灯具

　　简欧风格家居中的灯具外形相对欧式古典风格简洁许多，如欧式古典风格中常见的华丽水晶灯，在简欧风格中出现频率较低，取而代之的是铁艺枝灯。另外，台灯、落地灯等灯饰常带有羊皮或蕾丝花边的灯罩，以及铁艺或天然石材打磨的灯座。

▲创意玻璃圆片吊灯

▲圆形塑料片吊灯

▲金属多头吊灯

▲曲线无雕花水晶灯

▲圆形水晶吊灯

▲水晶台灯

▲金属方片圆形吊灯

▲全铜吊灯

▲全铜玻璃片台灯

▲黑色灯罩金属台灯

▲简约无雕花壁灯

▲全铜水晶壁灯

▲水晶吊灯是简欧风格中选择最多的，它造型复杂却非常具有层次感，既有欧式特有的优雅与浪漫，同时也会融入现代的设计元素

▲简欧风格中的灯具相对于古典欧式风格简洁许多，较常见的是欧式烛台吊灯，这种吊灯减少了欧式风格的古韵，却不乏优雅韵味，与简欧风格的轻奢感高度吻合

▲简欧风格的灯具也可以选择样式比较简单的款式，但是注意在色彩上还是选择能凸显精致感的金色、银色、古铜色等

▲简欧风格在灯具的选用上，常见成对出现的壁灯和台灯，这样的设计可以使室内环境看起来整洁而有序

## 9. 日式风格灯具

　　传统的日式灯具将自然界的材质（竹子、藤艺等）大量运用于居室的装修、装饰中，不推崇豪华奢侈、金碧辉煌，以淡雅节制、深邃禅意为境界。现代日式灯具讲究淡雅、简洁，它一般采用清晰的线条，使居室的布置带给人以优雅、清新感，且有较强的几何立体感。光效和灯饰之间的关系是耐人寻味的，一盏别致的灯饰能提升空间美感，也为空间营造了一个意境，用辅助灯光来渲染空间氛围。

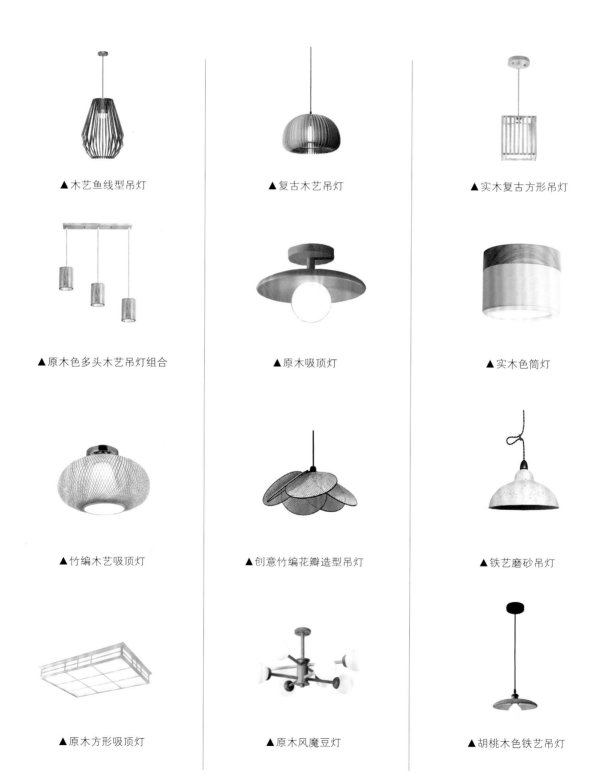

| | | |
|---|---|---|
| ▲木艺鱼线型吊灯 | ▲复古木艺吊灯 | ▲实木复古方形吊灯 |
| ▲原木色多头木艺吊灯组合 | ▲原木吸顶灯 | ▲实木色筒灯 |
| ▲竹编木艺吸顶灯 | ▲创意竹编花瓣造型吊灯 | ▲铁艺磨砂吊灯 |
| ▲原木方形吸顶灯 | ▲原木风魔豆灯 | ▲胡桃木色铁艺吊灯 |

▲实木和纸组合的灯具，和风满满，用在日式风格的卧室也不会破坏原本平和的氛围

▼因为日式风格装修最常用到木质材料，所以在灯具上也能体现这一特点，木质材料的灯具最能营造出自然、平和、淡雅的日式禅意氛围

▲编藤灯具最适合展现禅意，也是日式
风格中最常见的灯具，其天然的藤材
料，让人一看就有日式气息

## 10. 地中海风格灯具

地中海风格灯具具有海洋特点和自然特点，其造型和色彩组合最能体现这些特点。与其他风格灯具的明显区分是，地中海风格灯具灯罩上有时会使用多种色彩和纹理进行拼接，带有底座的灯具例如台灯、落地灯等，其底座设计也有很多的创新之处。

▲ 做旧铁艺拼花罩灯

▲ 黑色铁艺拼花罩灯

▲ 白色铁艺拼花罩灯

▲ 蓝色铁艺拼花罩灯

▲ 磨砂金属拼花罩灯

▲ 黑色铁艺拼花罩灯

▲ 拼色玻璃罩灯

▲ 喷漆铁艺布罩灯

▲ 树脂雕花拼花罩灯

▲ 透明玻璃嵌花罩灯

▲ 贝壳镶嵌灯

▲ 海洋元素实木造型灯

▲地中海风格的灯具框架部分较多地使用铁艺，灯罩则多为布艺和玻璃。玻璃灯罩的制作方式极具特点，除了其他风格中常见的平滑表面外，还有很多不规则块组成的拼接款式，也常使用贝壳等材料

▲地中海风格灯具的造型比较新颖，比较有特点的是吊扇
灯、花朵造型以及海洋元素造型的灯具

▼地中海风格虽然常用蓝色和白色来表现，但是在灯具色
彩的选择上蓝色比较少见，更多的是白色和大地色的使用

## 11. 东南亚风格灯具

　　东南亚风格灯具的设计融合了西方现代概念和亚洲传统文化，通过不同的材料和色调搭配，在保留自身的特色之余，产生了更加丰富的变化，但总体上的特点是"崇尚自然"，与硬装、家具的风格相符，主张"原汁原味"。

▲仿莲花造型灯　　　　　　　　▲金属彩色水晶灯　　　　　　　　▲古铜灯具

▲做旧金属雕花灯　　　　　　　▲仿佛庙造型灯具　　　　　　　　▲实木雕花灯

▲宗教造型实木灯具　　　　　　▲仿实木树脂落地灯　　　　　　　▲丛林元素造型灯

▲实木台灯　　　　　　　　　　▲实木雕花台灯　　　　　　　　　▲做旧实木底座灯具

▲东南亚风格的灯具多采用象形设计方式，比如莲花、荷叶等造型

▲带有宗教图案的灯具也常出现在东南亚风格空间中

◀东南亚风格灯具在材质上会大量运用麻、藤、竹、草、原木、海草、椰子壳、贝壳、树皮、砂岩石等天然材料，给人带来一种淳朴的气息

▼东南亚风格灯具注重手工工艺，以纯手工编织或打磨为主，淳朴的味道尤其浓厚。在色泽上保持自然材质的原色调，大多比较单一且接近自然，所以多以深木色为主，搭配白色或米色，具有雅致感

## 12. 田园风格灯具

　　田园风格贴近自然、向往自然，展现出朴实的生活气息。所以田园风格的灯具多以自然界的植物为原型，色彩缤纷亮丽，营造出一种天然、舒适的意境。造型主要有梦幻的水晶灯、别致的花草灯、独具情调的蜡烛灯等，多为花朵造型，小巧别致。

▲白色树脂雕花描金／银灯

▲白色树脂田园元素彩绘灯

▲花朵造型灯

▲田园元素印花罩灯

▲田园配色纱罩灯

▲白色树脂描金／银蕾丝灯

▲田园元素雕花布艺罩灯

▲白色实木蕾丝罩灯

▲彩色铁艺花朵吸顶灯

▲复古做旧吊灯

▲多头花朵吸顶灯

▲植物色玻璃罩吊灯

▲田园风格灯具的主体部分多使用铁、铜等材质，多保留材质本身特征，不会做过多修饰，灯罩的设计则非常丰富

▲田园风格灯具造型上会大量地使用田园元素，例如各种花、草、树、木的形态。灯罩多采用碎花、条纹等布艺，多有吊穗、蝴蝶结、蕾丝等装饰，除此以外，还会使用带有暗纹的玻璃灯罩。色彩组合以黑色、古铜色及白色搭配粉色、绿色等最为常见

▶仿古造型水晶灯具也非常适合田园风格，既有复古感，也能增添一点华丽的感觉

# 照明设计基础与手法

照明设计离不开基本的方法与技巧，不论设计哪种空间的照明，都要遵循基本的照明要求。其中，照明的设计原则与布置要求，以及照明方式的选择是从满足实用功能的角度出发。而照明的艺术化手法则更多地从装饰效果出发，这样才能让照明既能满足实际需求，又具有装饰价值。

第二章

# 第一节　室内照明设计原理

室内照明是营造环境气氛的基本元素，但是其最主要的功能还是提供空间照明效果。因此，灯光照明不仅仅是延续自然光，更是在建筑装饰中充分利用明与暗的搭配、光与影的组合，创造一种舒适、优美的光照环境。于是，人们对室内照明设计越来越重视。

# 一、室内照明设计的四大原则

## 1. 安全性原则

灯具安装场所是人们在室内频繁活动的场所，所以安全防护是第一位的。这就要求灯光照明设计绝对安全可靠，必须采取严格的防触电、防短路等安全措施，并严格按照规范进行施工，以免意外事故的发生。

## 2. 合理性原则

灯光照明并不一定以多为好，以强取胜，关键是科学合理。灯光照明设计是为了满足人们视觉和审美的需要，使室内空间最大限度地体现实用价值和欣赏价值，并达到使用功能和审美功能的统一。华而不实的灯饰非但不能锦上添花，反而会画蛇添足，同时造成电力消耗和经济上的损失，甚至还会造成光环境污染而有损身体健康。

▲基于基本的安全性原则，也要注意照明设计的合理性

## 3. 功能性原则

灯光照明设计必须符合功能的要求，根据不同的空间、不同的对象选择不同的照明方式和灯具，并保证适当的照度和亮度。例如，客厅的灯光照明设计应采用垂直式照明，要求亮度分布均匀，避免出现眩光和阴暗区；室内的陈列，一般采用强光重点照射以强调其形象，其亮度比一般照明要高出 3~5 倍，常利用色光来增强陈设品的艺术感染力。

## 4. 美观性原则

灯具不仅起到保证照明的作用，而且由于其十分讲究造型、材料、色彩、比例，已成为室内空间不可缺少的装饰品。通过对灯光的明暗、隐现、强弱等进行有节奏的控制，采用透射、反射、折射等多种手段，可以营造风格各异的艺术气氛，为人们的生活环境增添丰富多彩的情趣。

▲照明设计不仅可以满足照明的基本需求，还有丰富装饰效果和氛围烘托的作用

# 二、室内照明灯具的布置要求

## 1. 对主次空间进行区别布光

对于综合性空间来说，根据使用与审美的需求，要对空间的功能性质进行区别定位，并采取相应的空间组织措施，例如对主次空间、公共性与私密性空间、流通性空间、过渡性空间等的界定和组织。不同的照明设计则可以对上述空间起到辅助作用，增强空间的功能感。

一个完整的室内空间，由于功能不同所以存在主次关系，对于主次空间的光环境设计要有针对性以及区分性。通常情况下，主要空间和次要空间的照度水平要有所差别，但这并不意味着主要空间的照度一定比次要空间的高，具体的照度选择还是要根据空间功能性质确定。总体而言，主要空间一般是室内空间的核心，所以照度的定位应该以主要空间的功能和氛围需求为依据，然后对次要空间的照度搭配进行定位。在照明的组织手段、灯具的配光效果等方面，主要空间可以相对丰富，形成光环境的主次差别。主要空间照明设计的着重性还体现在灯具形态、经济投入的适当侧重方面。

▲在餐饮空间中，就餐区域是主要空间，照度要求达到较高的水平，过道是次要空间，所以照度只要满足人通过时明视的需求即可，即照度要比就餐区域低

▶对于酒吧、茶馆等空间来说，主要空间照度相对较低才能营造放松的氛围，因此过道照度要比主要空间高，从而使过道与主要空间形成一种视觉环境的节奏感

▲开放的会议室中，中间讲台部分的亮度高于周围座位的亮度，视觉上形成了明显的明暗对比，所以让人一眼就知道讲台部分是主要空间

## 2. 满足空间公共性和私密性差别设计

一个空间势必会存在公共性空间和私密性空间，以居住空间为例，客厅、餐厅等区域因为有时要接待客人等，所以是公共区域；而主卧、次卧只有自己、家人才能进入，是私密区域。所以，可以说公共空间具有人流性强、使用频率高的特点，而私密性空间以营造安静、悠闲的氛围为主。

因此，对于公共性空间和私密性空间的照明设计应有所不同。公共性空间的照明设计，要注意保持充足的照度，因为人员流动性强的空间容易形成人员的集中，如果使用低照度设计，会让人产生烦躁、郁闷等情绪，所以要适当提高照度，以明亮的环境舒缓人们的情绪。私密性空间的使用人群通常具有确定性，在某些情况下，此类空间就需要针对个别需求来进行灯光设计。一方面要根据使用者的爱好选择灯光形式、灯具款式和光源颜色；另一方面要适当降低一般照明的照度，采用必要的局部照明满足相应的照度需求，以虚实结合的光环境塑造静谧、休闲的空间。

▲居住空间中的公共性空间——客厅

> **💡 照明贴士**
>
> 可以看到在同一个居住空间中，客厅的照明更加明亮，色温也相对较高，整体营造出比较活跃的氛围，而相比之下，卧室的照明会比较柔和，色温和照度相对比较低，整体营造的氛围是比较缓和、温馨的。这就是公共性空间与私密性空间不同的照明设计。

▲居住空间中的私密性空间——卧室

▲办公空间中的公共性空间——会议室

▲办公空间中的私密性空间——休闲区

💡 **照明贴士**

　　办公空间虽然是多人工作的空间，但是也存在人员流动性较强的空间和人员流动性较弱的空间，所以在照明设计上也会有所区别。比如，人流较大的会议室的照度比较高，光线充足且集中；而人流较小的休闲区更多的是利用天然采光，光线较弱、较分散。

## 3. 加强空间之间的联系性

　　人在某一空间中的活动绝对不是单一的行为，而是发生一系列行为，并且这些行为有一定的次序，而展开行为活动的流畅程度依赖于合理的空间流通性，即空间的序列。出于对空间流通性的考虑，照明设计既要明确做到功能分区，又要考虑到静态和动态，以及对空间序列的体现。

　　空间之间的联系可以通过灯具的布置、照度、光通量、灯具形式、光源色变化等手段来实现。为了体现空间的独立性和区域性，可以根据不同的功能做出相应的照度变化，使特定区域与其他区域形成照度差别，明确区域性。照度设计的变化也使整体空间不会过于暗淡。

◀由于户型较小，玄关和客厅之间是相通的，这样的设计可以让整个空间可以看起来更加宽敞，但是由于两个空间的功能不同，所以会利用材质或家具进行软区分，而在灯光的设计上则保持了统一，都用宽照型的筒灯照射墙面，从而在不同材质的墙面上形成了相似的光晕

◀复式户型对于灯光的设计更要加强联系性，上层的筒灯保证了整体的照度，下层的筒灯虽然照度没有那么高，但是保证下层不会过于昏暗

▲虽然餐厅和客厅使用了不同造型的吊灯，但是两盏吊灯的光线都是间接光线，柔和的感觉非常相似

▼整个空间的一般照明基本都由筒灯来实现，客厅和卧室都采用相同的筒灯完成照明设计，只是位置有所不同。卧室的筒灯要避开床头，只在墙面上投射光线；而客厅的筒灯则是尽量照亮每一个部分

## 4. 对过渡空间的衔接设计

当两个功能不同的空间相衔接时，为了缓解突兀感，可以采用过渡空间的形式进行联系。过渡空间的光环境设计，主要是将两个相邻空间的光环境特征进行融合，例如，居室的玄关，当夜晚室外的光线相对较暗、室内光线较强时，玄关的照明设计首先要考虑视觉缓冲，即人从较暗的地方到较亮的地方要有一个适应的过程，否则会因为亮度悬殊而引起视觉的不适，所以玄关的照度水平要介于室外照度和室内客厅照度之间。

▲居住空间里的过渡空间之一就是玄关，当我们晚上从外面回家时，由于室外的光线弱于室内的光线，人需要有一个适应的过程，所以玄关的照度一般应低于客厅的照度，并且略高于夜晚室外的照度，以能看清楚人脸为标准

▲很多餐饮空间都会在入口设计一个缓冲区域，一般这个缓冲区域也和居住空间的玄关一样，照度较低，以此减少人眼的不适。但是餐饮空间中的过渡空间的照明设计以能使顾客看清路线，并且具有一定的导向作用为最佳

▶有时候过渡空间连接的是两个比较明亮的空间，那么本身采光条件就不好的过渡空间就需要有比较高的照度，以衔接两个空间，可利用筒灯制造出洗墙的效果，这样，光线既不会直接进入眼中，还能让过渡空间变得明亮又有趣

▶酒店的客房打开门进入的一瞬间，光线是比较暗的，为了帮助入住者快速适应这个由明到暗的过程，酒店走廊的光线一般会比较暗，除了在每个门口做好特殊的照明提示外，整体亮度偏低

## 5. 利用光效体现空间形态

在对室内进行区域界定或想要制造独特的装饰效果时，经常会用到一些特殊的光环境设计手法，从而使空间具备一定的形态特征。

### （1）下沉空间

对空间地面进行局部下沉的处理，可以使原本完整的空间产生一个富有变化的相对独立空间。因为周围地面高于下沉空间，所以对下沉空间产生一定的围合性，具有隐蔽感和安全感。通常情况下，下沉空间与周围空间不存在实体性分隔，或采用通透性强的分隔方式，以确保视觉的连贯性，否则将失去下沉空间的意义。

针对下沉空间的光环境设计，为了突出私密感、平静感和安逸感，光源色的选择要以暖色调为主，一般照明的照度要适当偏低，通过增加一定的局部照明满足特定功能的使用需求。下沉空间灯具的照度设置不宜过高，照度过高会对下沉空间的形态特征造成破坏，同时不必追求空间整体亮度的均匀分布，并可适度运用光影效果。

▲下沉式空间形态与空间休闲、祥和的功能特征非常吻合，而柔和、幽静的照明环境又会增添强烈的亲和气质

## （2）上升空间

上升空间与下沉空间相反，是将室内地面局部抬高，形成一个边界明确的相对独立的空间。因为地面高于周围空间，所以上升空间比较醒目、突出，具有张扬感。针对上升空间的特点，其光环境要力求做到明快、轻松。光环境设计中要运用整体照度的提高，灯光的流动性或者对比等手段显示其个性。如果此类空间的照度降低、光线暗淡，则会压制上升空间的气势。

◀服装店局部抬高，形成高低差，整个空间的照明亮度统一，没有明显的明暗差，保证了空间的联动感

## （3）"母子空间"

面积较大的室内空间中，可以根据功能需要进行一些具体功能的设置和空间的划分，因此形成整体空间内包括配属功能空间的复杂空间，即"母子空间"。母子空间的光环境设计要以整体空间的功能需求为基调，对特殊功能的子空间进行个体功能的适度体现。

在开敞式集中办公空间内，员工除了独立办公外，可能还需要进行一些其他活动。为了避免对不参与活动的人产生影响，设计相对独立的活动空间显得很有必要。在这种母子空间中，整体照明必须符合办公的需求，例如适度的照度水平、均匀的亮度分布等，而对功能相对独立的交流空间则可以进行一定的氛围营造，比如以中性光色制造清爽的光环境，使活动参与者可以保持冷静的头脑，利于沟通效果的提高；同时也可以适当增设暖光源，使气氛更加融洽、温馨。子空间的光环境也可以与母空间保持一致，一脉相承，从而给人协调、和谐的美感体验。

◀可以看到图中的开放式办公空间针对不同的区域，进行不同的照明设计。主要活动是工作的"母空间"，运用的是中性光色，提供均匀照度和亮度的同时，制造出清爽的办公环境。但是在主要活动是休闲的"子空间"中，运用的则是较暖的光源，并且照度相对较低，形成的是放松、温和的氛围

◀书店中央的阅读区使用了暖光照明，而陈列区则是冷光照明，视觉上，这两个区域被很好地区分开，但又不会有突兀的感觉

### （4）凸式空间和凹式空间

凸式空间和凹式空间是一种特殊的空间形态，凹式空间是指因为室内局部空间的后退而形成的空间形态，这种形态具有非常强烈的包容感。凸室空间是指因为室内局部空间的前进而形成的空间形态，它与凹式空间是相对立的关系，一般具有膨胀感和活跃感。

凹式空间的照明设计可以利用均匀的照度营造平淡、舒展的感觉，也可以通过暖色调的灯光和适当的光影变化渲染优雅、温馨的空间氛围。而凸式空间由于不强调空间的整体亮度，所以要重点对位于端部的空间进行光的护理，使它具有鲜活感。如果提供均匀的亮度分布，尤其是大面积采用直接照明方式，就会使空间显得暗淡无光，与空间的形态特点产生冲突。

▶在凹进去的地方以较强的光线照射，减弱凹进去的视觉感

▲凸出来的柱子占据了不少空间，用彩色瓷砖铺贴外表，在顶端用筒灯照射墙面，更能突出墙面的丰富色彩，给人鲜活感

# 第二节　室内照明方式的选择

照明方式可根据设计手法分为直接照明、间接照明等，根据照度分布则可分为一般照明、局部照明等。不同照明方式的分类对光源的光线范围以及照度有相应的影响。

# 一、符合照度分布的照明方式

## 1. 一般照明

为照亮整个空间而采用的照明方式，称为一般照明。一般照明通常是通过若干灯具在顶面均匀布置实现的，而且同一空间内采用的灯具种类较少。均匀的排布方式和统一的光线，使一般照明照度具有均匀的特点，使其可以为空间提供很好的亮度分布效果。一般照明适用于无确定工作区或工作区分布密度较大的室内空间，如办公室、会议室、教室、等候厅等。

一般，照明方式均匀的照度使空间显得稳定、平静，尤其对于形式规整的空间来说，具有扩大空间的效果。从灯具布置方式来说，尽管均匀的排布会显得比较呆板，但是同时也给人比较整齐的感觉。一般照明主要针对的是整个空间，而不是某一个具体的区域，总功率较大，容易造成能源的浪费。所以，对于一般照明的供光控制要进行适当设置，根据时段或工作需要确定开启数量，这样有利于降低能耗。

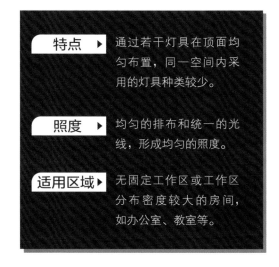

| 特点 ▶ | 通过若干灯具在顶面均匀布置，同一空间内采用的灯具种类较少。 |
| 照度 ▶ | 均匀的排布和统一的光线，形成均匀的照度。 |
| 适用区域 ▶ | 无固定工作区或工作区分布密度较大的房间，如办公室、教室等。 |

▼排列整齐的吊灯从顶面垂下来，为下面的办公区域提供均匀的光线，保证了整个办公空间的亮度均衡

▲在居住空间中，一般照明通常通过有规律排布的筒灯实现，这样可以为空间的每个部分提供照度相同的光线，然后再运用局部照明对不同区域进行光线的补充

▼由于办公的空间相对较小，所以用直线型荧光灯作为一般照明，不仅提供了均衡的照度，而且其简洁的样式非常有现代感，装饰效果也不错

## 2. 分区一般照明

分区一般照明是指对空间内的某个区域采取照度有别于其他区域的一般照明，称为分区一般照明。分区一般照明是为提高某个特定区域的平均照度而采用的照明方式。通常根据空间区域的设置情况，将照明灯具按一般照明的排布方式置于特定工作区上方，满足特殊的照度需要。

分区一般照明不仅可以改善照明质量，满足不同的功能需求，而且可以创造较好的视觉环境。同时，分区一般照明有利于节约能源。分区一般照明适用于空间中存在照度要求不同的工作区域，或空间内存在工作区和非工作区的室内环境，例如精度要求不同的工作车间、营业空间的服务台、商业空间的销售区等。

| 特点 ▶ | 提高某个特定区域的平均照度 |
|---|---|
| 照度 ▶ | 根据不同区域照度要求调整 |
| 适用区域 ▶ | 适用于空间中存在照度要求不同的工作区域，如营业空间的服务台、商业空间的销售区 |

◀很多办公室是开放式格局，所以针对不同区域会进行不同的照明设计，会议区和通道区域的照明亮度、灯具选择以及光源色温都不同，这样就形成了分区一般照明

◀靠近窗户的区域采光较好，并且是休闲区域，所以人工照明没有过多的设计，反而在工作区域额外增加了光源，设计了不同的照度

## 3. 局部照明

局部照明是指为了满足某些区域的特殊需要，在空间一定范围内设置照明灯具的照明方式。局部照明的组织方式、安装位置都相对灵活，采用固定照明或可移动照明均可，适用的灯具种类也很宽泛，吊灯、壁灯、台灯、落地灯都可以作为局部照明工具。

局部照明能为特定区域提供更为集中的光线，使区域获得较高的照度。所以局部照明适用于需要有较高照度需求的区域，由于空间位置关系而导致一般照明照射不到的区域，因区域内存在反射眩光而需调节光环境的区域，以及需要特殊装饰效果的区域等。

在选择局部照明时，可以采用不同种类的灯具，所以在光通量分布方向上具有很大的可选择性，同时由于可以使用可移动的照明灯具，所以能产生不同的光效。但是使用局部照明时，一定要注意对光照度的控制，以免出现与周围环境亮度悬殊的情况，从而造成视觉疲劳。

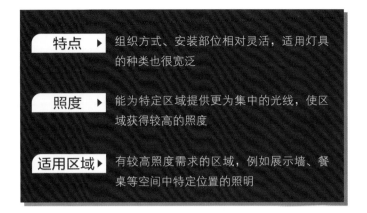

| 特点 ▶ | 组织方式、安装部位相对灵活，适用灯具的种类也很宽泛 |
| --- | --- |
| 照度 ▶ | 能为特定区域提供更为集中的光线，使区域获得较高的照度 |
| 适用区域 ▶ | 有较高照度需求的区域，例如展示墙、餐桌等空间中特定位置的照明 |

▲ 客厅的一般照明保证了整体均匀的光线，在沙发的两旁加入落地灯和吊灯，既增加了局部光线，同时也满足了阅读等其他活动对光线的需求

▲ 餐厅的备餐台台面是一般照明照不到的区域，为了给台面补充光线，可在柜子下面增加局部照明，如用灯带为台面增添光线

## 4. 混合照明

混合照明是指由一般照明与局部照明共同组成的照明方式。混合照明实际上就是以一般照明为基础，然后在需要特别烘托的地方额外布置局部照明，但对局部区域进行的额外照明并非照明的重复或简单的叠加，其目的是对区域性进行强调，或对特定区域的照明效果进行调整，以增强空间感、明确功能性、创造适宜的视觉环境。

混合照明可以说是在室内空间中应用最为广泛的照明方式，其相对复杂的功能和丰富的装饰效果能够满足不同区域的照度要求，也可以减少重点照明区域的阴影。混合照明虽然可以起到丰富空间、增加空间装饰效果的作用，但是如果把握不当，也会出现光污染现象，例如，不均匀的照度造成人视觉的疲劳等。

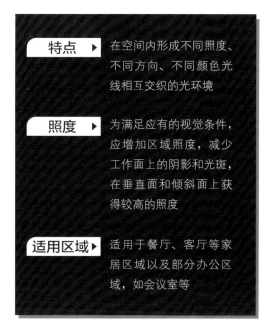

| 特点 ▶ | 在空间内形成不同照度、不同方向、不同颜色光线相互交织的光环境 |
| 照度 ▶ | 为满足应有的视觉条件，应增加区域照度，减少工作面上的阴影和光斑，在垂直面和倾斜面上获得较高的照度 |
| 适用区域 ▶ | 适用于餐厅、客厅等家居区域以及部分办公区域，如会议室等 |

▶一般来说，居住空间的照明都是由一般照明和局部照明组成的，也就是混合照明。这样才能保证照明的层次丰富，满足不同的照明需求。比如，用轨道灯照亮电视背景墙，用吊灯照亮餐桌，用灯带照亮柜内空间，用台灯照亮沙发等

# 二、光通量分布适宜的照明方式

## 1. 直接照明

直接照明主要是根据光通量分布适量的灯具实现的。直接照明灯具可以根据光束角的不同，分为窄照型、中照型和宽照型三种。至于直接照明灯具的选择，可以根据照明目的和对装饰效果的不同追求来决定。

💡 **照明贴士**

总的来说，无论灯具光束角的大小如何，因为直接照明灯具保证了 90% 以上的光通量投向工作面，所以是最节能的照明方式。但是，正因为光通量集中，所以容易造成灯具上部空间和下部空间亮度形成强对比，容易产生眩光。在布置时要采取相应的限制眩光措施，以保证良好的视环境。

窄照型直接照明灯具光束角小，发射出来的光线非常集中，在同样光通量的情况下，窄照型直接照明灯具的照度高，具有照明目标强、节约能源的特点。窄照型直接照明灯具适用于重点照明和高顶棚的远距离照明，例如博物馆、展览馆的展品照明，餐饮空间、娱乐空间的重点照明。而与光通量分布分散的照明工具结合使用，会产生光束效果的对比，从而形成具有艺术气息的光环境，但由于光束过于集中，窄照型直接照明灯具不适用于低矮空间的均匀照明。

▲ 窄照型直接照明灯具可以为展品提供直接、集中的光线

▲ 窄照型直接照明灯具在墙上的投射效果

　　宽照型直接照明灯具的光束角比窄照型直接照明灯具广，且光束具有扩散性。宽照型直接照明灯具能够应用的范围比较广，适合作为只考虑水平照明效果的室内一般照明。例如，酒店大堂、餐厅的公共区域等。但由于其光束具有扩散性，所以其不适合在高顶棚的空间使用，否则会因为光的散失而造成能源浪费。

▲宽照型轨道灯投射在墙面会有光线晕开的效果，给人的感觉相对比较柔和

▶宽照型直接照明灯具可以作为一般照明均匀排布在天花板上

## 2. 半直接照明

　　半直接照明方式通常是利用遮光罩的透光性完成的，因为不同透光度和不同形式的遮光罩，会产生不同的光效。为使光照产生的光效有所差异，可以采用半透明透光罩遮盖光源上部，使 60%~90% 的光直接向下照射，作为工作照明；而剩余 10%~40% 的光通过遮光罩投射到其他方向，形成具有柔和的漫射光的环境照明；也可以在透光罩的顶部留出透光孔，使部分光通量直接向上照射，从而利用环境产生更强的艺术效果。

　　光通量分布的特点决定了半直接照明灯具可以自然地形成工作照明和环境照明，使室内照度满足不同需求。这种适宜的照度比同时也降低了阴影，减轻了眩光效应。半直接照明灯具是最实用的均匀作业照明灯具，被广泛应用于办公室、高级会议室。

▲半直接型灯具可以将部分光线投射到顶面，这样能在顶面形成比较好看的光晕

## 3. 半间接照明

　　半间接照明的形成与半直接照明相同，同样也是利用半透光性遮光罩调整光通量的发射方向和比例来实现。不同的是，半间接照明是将遮光罩置于光源的下方，使大部分光通量向上照射，从而使工作面获得透过遮光罩照射出的柔和光线。

　　因为半间接照明中的一部分光线会经由顶面反射，所以不利于提高水平照度。它虽然可以软化阴影，但是也只适用于一般性照度要求的空间，如普通办公室、学校，以及娱乐空间、餐饮空间的公共空间等。半间接照明非常适合营造氛围和塑造空间感，尤其是有利于对小空间的改善。

▲从下方将光投射到天花板上，以此照亮顶面精美的壁画，由顶面反射下来的光线给整个酒店营造出一种优雅、缓慢的氛围

## 4. 间接照明

　　间接照明方式与直接照明方式完全相反，它是将下方光源完全遮挡，使光通量的 90%~100% 向上透射，只有 10% 以下的光直接透射到工作面上，即间接照明主要是通过顶面或墙面反射获得光线的照明方式。因此，间接照明的光线极为柔和，非常适合用在环境或操作对象反光性强的空间，通过上射光灯具或是反光灯槽等其他隐藏的光源来实现。

> 💡 **照明贴士**
>
> 　　因为间接照明的光线基本依靠墙面、地面等界面的反射获得，所以当界面的光反射率较低时，将造成极大的能源浪费。此外，如果光源距离顶面过近，会限制光线的发射，使照明设施失去意义。

　　间接照明的最佳用途是作为环境照明和装饰照明，例如，反光灯槽的合理使用可以形成理想的背景光，成为烘托氛围不可或缺的手段。在适宜位置使用将光源进行遮蔽的方法，可以产生独特的装饰效果，增添空间的美感。

▲藏在顶棚里的间接照明除了烘托气氛外，还成为两个分区的界线

▼向上的间接照明在柱面上形成非常理想的背景光，产生向上弯曲的光线效果

## 5. 漫射照明

漫射照明是指利用灯具的折射功能来控制眩光，使光线向四周扩散、漫散的照明方式。在形成方式上，一种是利用半透光灯罩将光线全部封闭，依靠光的透射产生漫反射；另一种是通过反射装置和滤光材料的结合，形成光线的漫反射。

例如，在发光顶棚中，光源直接照射的光线和反射板反射的光线经由滤光材料（如灯箱片、磨砂玻璃）滤光后，基本失去了方向性，产生漫射效果；而采用磨砂玻璃或半透光亚克力等材料制成灯罩的灯具，同样具有滤光的效果，使得灯具内部光源所发出的光线经由灯照的折射、过滤后，均匀、柔和地透射出来，形成淡雅的光环境。漫射照明的特点是光线柔和、细腻，不会产生硬光斑和反光，便于塑造舒适的照明环境，产生优雅的装饰效果。

▲大堂采用网格矩阵式的天花板，柔和的光线漫射而下，营造出宁静而优雅的氛围。空间内的选材素简，包括温暖的木、冷静的水泥石膏板和金属，在开放的工作环境中给人以舒适的体验

▶用亚克力遮住光源，形成发光的顶棚，光线柔和地漫射而出

# 三、与室内结构结合的照明方式

## 1. 天花板灯槽照明

照亮顶面的间接照明也可以称为天花板灯槽照明，即把天花板当作光的反射板，利用反射光将整个空间照亮。此时，顶面表面看起来会很明亮，而且整个空间都被柔和的光线包围，可以降低天花板对空间造成的压迫感。换句话说，它对整个天花顶部起到了拔高的作用，形成宛如天窗一般的展示效果。

天花板灯槽照明更加适用于经过褪光处理或者接近于漫反射的天花板。天花板如果有比较强的光泽度，可能会因为反射使照明的灯具在天花板上形成一个倒影，反而影响照明效果。

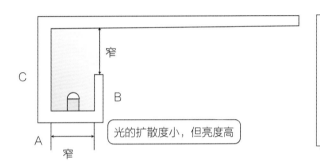

光的扩散度小，但亮度高

💡 **照明贴士**

如果灯具安装位置与天花板的距离太近，那么，有可能只有跟光源接近的部分被照亮，而无法形成比较漂亮的渐层、褪晕的效果。另外，遮光板的高度必须和灯具的高度相同，或者略高于灯具 5mm 左右。

▲结合特殊的顶面结构，利用灯槽照明照亮天花板，让顶面有向上延伸的感觉，给人宽敞、开阔的感觉

◀顶面除了利用镜面来放大空间，还在局部用灯槽照明为顶面增补光线，让顶面的存在感增强，使整个空间的联系加强

◀对于层高足够的居住空间而言，天花板灯槽照明可以让顶面的层次变得丰富起来，使空间看上去更加精致，这样顶面也不会显得单调

## 2. 檐口照明

照亮墙壁的间接照明被称作檐口照明，檐口照明可以让人把视线集中到墙面上，给人宽广的感觉。同时，檐口照明也能控制空间中光线的重心，既可以通过提高光源的位置将整个墙面照射得很明亮，以增加空间的广度；也可以通过降低光源的位置，来降低光线的重心，营造出令人安心的氛围。

檐口照明要注意檐口的深度和遮挡幕板的尺寸，如果檐口深度不够、幕板尺寸过小，那么除了灯具会完全看到以外，侧面的墙壁上也有可能产生明暗差。

● 让照明器具朝下

这种方式可以让光直接照射到地板上，整个照明利用率比较高，维修作业比较容易，但是从下往上看的时候，有可能看到灯具，因此要注意灯具正确的装设位置。

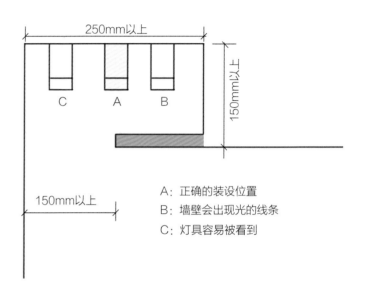

A：正确的装设位置
B：墙壁会出现光的线条
C：灯具容易被看到

● 横向装设照明器具

这种情况下，照明器具虽然不容易被看到，但是光的延展性会稍微差一点，相对来说，维修作业会比较容易。

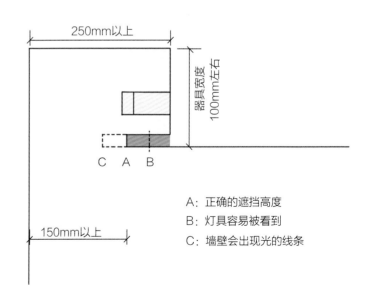

A：正确的遮挡高度
B：灯具容易被看到
C：墙壁会出现光的线条

▲用檐口照明的方法照亮餐品窗口，整个墙面似乎在发光，让人一眼就能看到，同时也发挥了引导的作用

▲在沙发背景墙的上方用遮光板挡住光源，使光打在灰色的大理石墙面，非常吸引人

▲在商店中常用檐口照明的方法照亮墙面，从而吸引顾客的注意力

▲檐口照明设计将灯光照射到外面，减少直接进入眼睛的光线，让空间整体变得柔和起来

## 3.融入家具中的照明方式

家具的间接照明也可以藏在家具中，有些成品家具厂家会根据自己产品的特点，将照明灯具集成在家具中。定制家具的照明，可以通过与客户沟通，根据需求加入。将照明灯具融入室内家具之中，既能得到适当的间接照明，改善居室氛围，又不会产生电线凌乱等问题。

灯具与家具的融合需要注意尺寸和散热问题。在尺寸方面，除需要给灯具安装留有精准的位置外，有时甚至需要将灯具嵌入家具内；在散热方面，要提前考虑到灯具正常工作中的散热和安全问题。

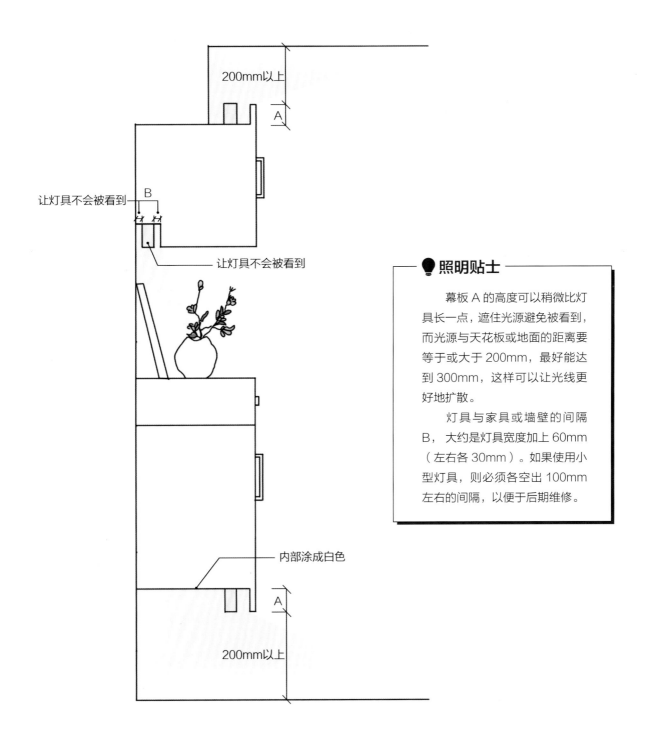

💡 **照明贴士**

幕板 A 的高度可以稍微比灯具长一点，遮住光源避免被看到，而光源与天花板或地面的距离要等于或大于 200mm，最好能达到 300mm，这样可以让光线更好地扩散。

灯具与家具或墙壁的间隔 B，大约是灯具宽度加上 60mm（左右各 30mm）。如果使用小型灯具，则必须各空出 100mm 左右的间隔，以便于后期维修。

◀在橱柜下方嵌入灯具是厨房最常使用的照明手法，这样可以保证台面有充足的光线，解决厨房一般照明照射不到台面的问题

▼在定制柜内部嵌入灯带不仅方便拿取物品或是展示摆件，而且也能让原本厚重、单调的柜子变得更具观赏性

▲书房的柜下灯还能为空间增补光线，也能让书籍的收纳更方便

▼在餐边柜后面嵌入灯光，光线投射到墙面上，原本平平无奇的角落一下子有了不一样的味道

# 第三节　室内照明设计的艺术化手法

随着生活的进步，我们对照明的需求不再只是照亮空间，更多的人对于照明的装饰效果也越来越重视。只有充分发挥照明的实用功能和装饰作用，才能实现照明设计的最大化利用。

# 一、将灯具作为装饰元素

### 1. 单个灯具的装饰效果

灯具有时候不只是照明用具，在越来越多的设计中，灯具作为装饰品之一被应用。灯具无论是球体还是方体，是简洁还是复杂，都能呈现出不一样的美感。如果空间中顶面的设计并不复杂，那么可以用一盏灯具弥补顶部的空白，让单调的上部空间变得华丽起来。而灯具的材质继承了材料本身的审美特征，如金属的现代、刚硬，玻璃的剔透等，都能为空间增添新的审美体验。

▲整个就餐区仅用了一盏吊灯，却不显得单调。因为吊灯独特的造型与装饰效果，让就餐区变得可爱感十足，粉色灯架与白色灯罩的搭配与餐厅的整体配色相呼应，圆形的造型保证下方的餐桌能得到充足的光线

▲餐厅的顶面运用灰褐色的乳胶漆修饰，简单的几盏筒灯外并没有过多的设计，但是整个餐厅不会显得压抑，因为餐厅中心区域的餐桌上方悬挂了一盏造型突出的吊灯，极大限度地吸引了进入餐厅的人的视线，成为空间的视觉中心

▶餐厅的公共区域用一盏装饰效果突出的玻璃吊灯和一张相同材质的圆几，摆上精美的花艺，就能够打造出精致、高雅的美感

## 2. 组合灯具的装饰效果

在面积较小的室内空间里，使用的灯具的类型和数量可能并不多，但是在面积较大、功能较复杂的室内空间里，需要的灯具可能较多，这时就要考虑灯具之间组合的协调性。不同的灯具组合除了在样式、风格或颜色上要相互协调，还要有一定的排列布局规律，而这样的排列规律，往往能够带来与吊顶设计不一样的装饰效果，如阵列式均匀布置具有稳定、平静之美，流线型布置具有韵律美，而分组错落布置则具有秩序美。

▲ 餐厅的面积较大，层高也较高，所以用多层次的吊灯装饰，弥补了上部空间的空白，平衡了空间的疏密感

▲ 吧台和用餐区虽然都用了吊灯，但是在风格和造型上却完全不同。用餐区的吊灯拥有透明的质感和飘然的造型，装饰效果非常突出；而吧台的吊灯更偏向实用，虽然在色彩上呼应了用餐区餐椅的色彩，但是造型十分低调

▲在面积较大的居住空间中，也可以使用组合灯具，针对不同区域选择不同的灯具，但是为了保证整个居室风格的统一，最好在色彩或材质、造型上有所呼应。比如，餐厅虽然使用的是吊灯，而客厅使用的是轨道灯，但是由于两者都有非常简洁的样式和相近的色彩，所以不会给人突兀的感觉

# 二、光影效果的利用与控制

## 1. 利用光影限定空间

在人们的意识中，空间都是实体的围合，如墙、地、顶的围合。其实，我们的大脑已经把空间划分成很多区域。空间的明暗是空间限定的基础，明与暗的边界成为空间限定的边界。这种限定一般是通过调节空间之间的亮度差异来实现的，亮度差异越大，空间的对比就越强烈，空间的限定作用就越强。

最简单的例子就是在阳光明媚的夏日，大树的树荫下总是聚着人群，光影使树荫下成为一个休闲避暑的虚空间。在大型公共空间里，阳光中庭就是靠光来限定空间，明亮的阳光透过透明的玻璃顶面进入室内，这种光线的方向最符合人的心理感受，在人类的认知中，天在上，光都是从天而降的，让人们获得置身于室外的感受，明亮的光线与周围较暗的空间形成明暗的反差，使中庭的范围得以限定。这种空间与周围的空间自然地融为一体，人们在其中自由穿行，但对不同区域的意识也很清晰。

▶教堂的整个侧墙上没有开窗，内部光线幽暗，而圣坛的正上方的圆形天窗引入唯一的自然光源，天光从容地洒在圣坛之上，赋予圣坛神圣的光芒，而供观众使用的椅子则隐藏在相对黑暗的区域，在同一个空间中，光线把圣坛和观众的区域区分开来，使空间的氛围显得静穆而虚幻

## 2. 通过光影丰富空间内容

　　光与影编织出的美丽多变的图案、有韵律的光影、光投射出的色彩都装饰着空间，成为引人注目的焦点，这可以称为光影对空间的装饰性。光影的装饰性是光与影相互交织的产物，所有室内外空间的构件都被光和影包围，所以光影的设计就在很大程度上决定了空间的内容丰富与否。建筑的室内几乎都处于建筑表皮的暗影之下，所以，大部分光影的设计就落在了窗上。

▲暖黄色的光线穿过镂空的灯罩，在墙面上投射出美丽的图案，形成带有强烈特色的独特意境，极富情趣

▲灯光向上照射，照亮了金属网状吊灯，镂空的造型让光线分散开来，形成不同的光影效果

## 3. 控制光影以强化空间动势

　　动势是一切艺术形式追求的目标，知觉运动有这样一个特点：它使快速运动的点看上去像一条静止的线，而它的反向作用使静止的线条有运动的错觉。光影是空间营造动势的有力元素，而且光影具有时间性，一天之中，四季之中，光影都发生着方向和长短的改变，让人体会到时间流逝，将时间这个不易被人察觉的自然元素清晰可辨地反映出来。

　　光与影的变化使空间有另一种视觉感受，人们行走其间，明暗交替，空间的韵律感也因此产生。在投射的过程中，光的强度会因空气中微粒、浮尘的阻挡而减弱，随着距离的增加而削弱，光线强的地方物体清晰，光线弱的地方物体模糊。光影在空间中强弱与虚实的变化使空间产生韵律感和秩序感，光影仿佛跳跃在空间中的精灵。下图中，路易斯巴拉甘的吉拉迪住宅的走廊里，用有节奏的光影明暗变化把单调沉寂的空间点燃，似乎有跳跃的光影灵动地注入，使空间充满活力。

▲圆形的光斑排列整齐，不断重复，形成一条向内延伸的线，产生明暗交替的韵律感

## 4. 利用光影创造视觉焦点

我们常说飞蛾扑火，其实我们的眼睛总是被光线吸引，本能地捕捉着视线中的最亮处，并把注意力也集中在较亮的事物上。人总是被视野中特别的东西吸引，这个特别的东西就是将均质空间的单一性打破的物体。创造视觉中心的方法永远是制造差异性。那么，在明亮的光线下制造暗影，或是在大片的暗影中创造光亮，绝对是创造视觉焦点的绝妙手法。

集中的光束照亮某一区域，而其他区域处于相对幽暗的环境中，就会产生强烈的光影明暗对比，视野中最亮的部分就成为视觉焦点的所在。另外，光还可以借助一些手段来实现对视觉的吸引，如被照射物体的材质，光影与材质的结合往往超越它们本身的魅力，材质的折射、透射特性，结合材质的颜色可以赋予光特别的魅力。

▶将自然光引入室内，光线从上方自然地投射而下，照亮用餐区旁的墙面，但是不会影响用餐区的幽暗情调，产生的阴影形成强烈的明暗对比

▲筒灯发出的光线照射在墙上，客厅的整体亮度不高，反而让人的注意力全部集中到墙上，形成视觉焦点

# 三、用照明手段创作装饰小品

　　通常情况，照明的设计以使用功能为主，以装饰作用为辅。为了美化室内环境，可以适当地进行以装饰作用为主的照明设计，使照明灯具成为装饰小品。室内设计中，经常需要在一些特殊位置设置装饰小品，以增强空间的装饰性或分隔空间等。例如，在大厅的入口或角落处设置景观，在走廊的转折处设置缓冲陈设品，以限定性低的形式进行空间的分隔等。这些装饰手法的效果如何，取决于照明手段。

　　以照明手段为辅助的装饰小品是指以照明设施之外的其他装饰元素为主体，以照明为辅助手段的装饰小品。尽管从存在形式上看，此类装饰小品的存在不以灯光的开启与否为转移，即照明只是辅助手段，但如果没有灯光效果的参与，小品将黯淡失色，装饰效果会大打折扣。相反，适宜的灯光效果使小品充满活力，达到令人愉悦的装饰作用。

◀在进门正对的墙面上用砂岩装饰，再用筒灯照射墙面，突出了石材的自然纹理，让墙面变得有层次，即使没有悬挂任何墙饰或装饰画，都不觉得单调，因为灯光照射出的光晕充当了装饰品

▼在入口处的角落里放上一个装饰摆件，再用侧光照亮它，便形成了能吸引人眼球的装饰角落，让原本毫无亮点的白色空间变得精致起来

# 四、利用灯光弥补空间的缺陷

## 1. 改善空间尺度感

　　对于一些狭小的室内空间，虽然使用上没有问题，但是从使用者的心理来看，较小的空间会给人窒息的压抑感和局促感。对于狭小的空间，我们需要通过提供高照度，并采取均匀布光的形式，尽量保持光通量在各个方向都分布得相对平均，以此使空间通体明亮，产生空间的扩大感。

　　如果空间只是在长宽和高宽两个方向出现问题，例如狭长或者层高较低，那么可以通过亮化处理来解决缺陷问题，但针对不同情况采取不同的具体措施。当层高较低时，可以在墙面上部设置上射光灯具，通过墙面光线向顶面的扩散，制造墙面向上延伸的错觉，从而增强空间的视觉高度。对于狭长的空间带来的拥挤感，可以对墙面进行分段亮化处理，断续的光不仅可以打破墙面的延伸感，同时也降低了墙面的内聚感。

▶ 分段从墙面投射而出的光线，打破了楼梯的沉闷感

▼ 通过提高照度和均匀布光的设计，让空间之间没有明显的明暗差，视觉上扩大空间

## 2. 改善异形空间的不适感

异形空间的出现是在所难免的，但这些空间确实会给人带来不适感。如果想通过照明设计来改善这种不适感，那么就需要注意使用较为艺术化的手法。例如，在居室中常会出现的阁楼，因为顶面是三角形状，所以会给人一种尖锐的刺激感，那么在设计时可以在特别拥堵的部分采用局部装饰照明的手法，而普通部位的照明设计不必过于刻意，以免破坏空间的结构美感。

▲ 阁楼不规则的顶棚会令人产生束缚、压抑的感觉，此时，一盏形式简洁的上射光壁灯可以完全改变空间的效果。当电源开启时，光线投射到墙面上部和顶棚上，形成的优美光晕转移了人对不规则顶棚的注意力

# 五、利用灯光创造路径及导向性

　　在一个空间中，除了通过设立标识来引导人的动线外，也可以尝试利用光线来引导动线。因为人都有趋光的本能，会被光亮的表面和物体吸引，利用光的力量便可以让人们下意识地朝着放置灯光的特定区域移动。最简单的让人朝目标地移动的方法就是只照亮那些希望人们去的地方，而让那些希望人们远离的地方保持黑暗，比如，通过用光照亮走廊尽头墙壁或者物体的方法来促使人们穿过走廊。

▲整个美食城的面积较大，店铺的分布也比较集中，这样很容易让人找不到通道路径，所以在通道部分的顶面用格栅和嵌灯装饰，视觉上不仅起到导向的作用，而且能让空间有延伸感

▲美食城内分岔路口较多，为了在视觉上引导顾客，根据路径的走向不同，顶面金属格栅和灯具的走向也不同

# 六、利用狭缝照明将"分散"变"整齐"

狭缝照明是指在顶面的造型中，在缝隙或间隙处加入照明灯具，以很好地将分散的灯具以整齐、集中的形式融入顶面中，从而减少因为灯具多而导致顶面杂乱的现象。

狭缝照明一定要注意狭缝的深度，因为深度不同而产生不同的照明效果。狭缝比较深的话，灯具会因为隐藏在里面而变得不明显，同时产生的光线也会被狭缝阻碍。但是，如果狭缝较浅的话，灯具就不太好隐藏。所以一般来说，狭缝的深度控制在10~12mm比较好。

▲把筒灯安在狭缝里，所以即使使用了外观不同的灯具，也能实现顶面设计的统一。狭缝的设计也让顶面设计不流于单调，虽然简洁但是很有设计感

▲狭缝用不锈钢涂装，非常有现代感，并且狭缝的位置是根据餐桌的位置设计的，所以保证了每个餐桌上都有相同的光线

▲地板高度不同的跃层建筑中，通过在顶面上使用配光角度不同的两种筒灯来统一地板表面的亮度。而黑色狭缝照明可以很好地与顶面融合起来，达到见光不见灯的效果

▲顶面的狭缝照明在涂装上黑色亚克力板后自然与顶面融为一体，反而更像顶面的造型而不是灯具

# 七、利用灯光决定视线焦点

利用灯光来吸引注意力或者通过照亮目标物体的方式来提高物体与环境之间的对比度，只需将灯光照射到那些具有吸引力的物体和表面上，让它们看上去更加瞩目。这样的照射方式不仅可以驱使人们移动，而且在面积较小的空间中还可以吸引视线。对漂亮的餐桌、墙上的壁画和天花板上的水晶吊灯进行重点照明，不仅可以吸引人的视线，而且也能烘托室内的氛围。

但是当在空间中想重点突出某些物体的时候，也要考虑什么样的光适合。如果想增强物体的质感，那就需要使用高角度的直射光线；如果不想突出质感，而是想获得强烈的氛围感，那就要使用更多向空间漫射的光源。

▲餐厅所在的位置层高并不高，为了转移人们对这一缺陷的注意力，用灯光照亮墙面的同时，使用造型非常精美的装饰灯具，这样既能扩大空间感，又能创造新的视觉焦点

▲可以看到，客厅的一边墙面灯具的亮度更高，所以相对其他墙面，更加瞩目。对于一般的住宅空间而言，能制造出一个视线亮点就可以了

# 第四节　室内照明量计算

在设计中需要进行照明量计算的主要原因是，设计师可以通过计算解决与照明相关的关键设计部分。计算可以帮助设计师正确选择灯具和光源，同时照明计算也可以协助设计师在一个具体照明场景中预测照明效果。

# 一、空间照度计算

## 1. 点光源的点照度计算法

当光源尺寸与光源到计算点之间的距离相比小得多时，可将光源视为点光源。一般圆盘形发光体的直径不大于照射距离的 1/5，线状发光体的长度不大于照射距离的 1/4 时，光源照度计算出的误差均小于 5%。距离平方反比定律及余弦定律适用于点光源产生的点照度计算。点照度计算法通常适用于直射型灯具，这样的灯具可以产生椭圆形和圆形的光斑。

直射下的点照度计算公式如下：

$$照度 = 发光强度 \div 距离^2$$

假设有一个聚光灯具安装在 2.4m 高的天花板上，在它正下方是一个 0.72m 高的桌面。如果聚光灯的中心光强是 10000cd（坎德拉），那桌面上最亮的点的照度是多少？

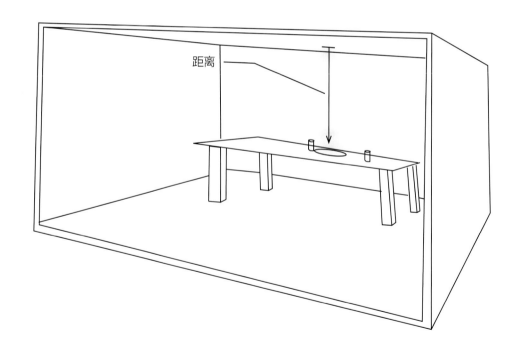

距离

使用点照度计算法的基本公式，代入数值我们可以得到：

$$照度 = 10000 \div (2.4-0.72)^2 = 3543$$

当所要照射的物体不垂直于光源的时候，点照度计算法也有效，只是有一些复杂。在这种情况下必须在计算时考虑一些几何因素来保证准确度：如果从光源发出的光线不是垂直角度，而是以其他角度照射在表面上，从之前圆形光斑的现象可知，非垂直角度照射到表面的光不会那么强烈。

非直射下的点照度计算公式如下：

$$照度 =（发光强度 × 角度余弦）÷ 距离^2$$
（公式中的角度是指被照点与灯具连线同灯具垂线之间的夹角）

假设有一个聚光灯具安装在 2.4m 高的天花板上，在它正下方是一个 1.2m 高的展台上，为了重点照射这个展台，将灯具旋转至对着展台的角度，灯具与展台连线与垂线之间的夹角为 30°，如果聚光灯的中心光强是 1000cd，那桌面上最亮的点的照度是多少？

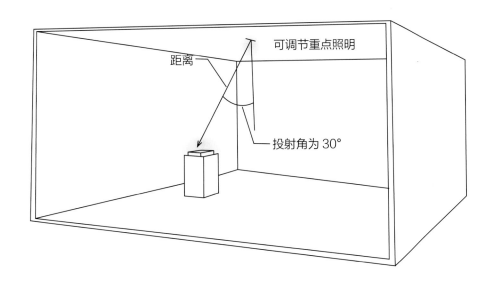

使用点照度计算法的基本公式，代入数值我们可以得到：

$$照度 =（1000 × \cos30°）÷ [（2.4-1.2）÷ \cos30°]^2 = 1804$$

💡 照明贴士

通过观察光源是无法获得其发光强度的，所以这个信息只能通过制造商的灯具和光源说明书得到。灯具资料通常包括配光曲线（坎德拉分布图）。这张图会提供从光源直接发出并朝着各个角度发射的具体坎德拉数值。

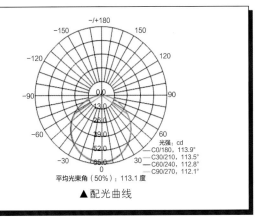

▲ 配光曲线

## 2. 流明 - 照度计算法

利用流明计算照度的方法只适用于大型开敞空间中的均质照明，例如开放的办公空间、教室、体育场、仓库等。

流明 - 照度计算公式如下：

**照度 = 光通量 ÷ 面积**

假设有一个房间，长 4m，宽 3m，天花板上均匀布置了 5 个筒灯，每个筒灯的光通量为 1000 流明，如果所有筒灯都照向地面，那么地面的照度是多少？

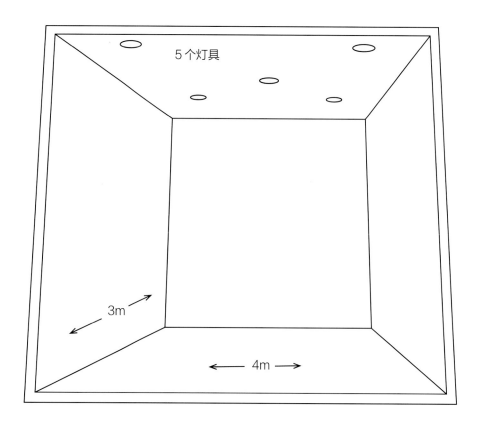

使用流明 - 照度计算法的基本公式，代入数值我们可以得到：

照度 = （1000×5）÷（4×3）≈ 417

# 二、灯具布置高度与间距计算

## 1. 灯具布置高度

灯具形式、漫射罩和灯泡玻璃壳的样式以及保护角等都是影响灯具悬挂高度的因素。

| 灯具形式 | 漫射罩 | 灯泡玻璃壳 | 保护角 | 最低悬挂高度 / m | | | |
|---|---|---|---|---|---|---|---|
| | | | | 灯泡功率 / W | | | |
| | | | | ≤ 100 | 150~200 | 300~500 | > 500 |
| 带反射罩的集照型灯具 | 无 | 透明 | 10°~30° | 2.5 | 3.0 | 3.5 | 4.0 |
| | | 透明 | > 30° | 2.0 | 2.5 | 3.0 | 3.5 |
| | | 磨砂 | 10°~90° | 2.0 | 2.5 | 3.0 | 3.5 |
| | 0°~90° 区域内为磨砂玻璃 | 任意 | < 20° | 2.5 | 3.0 | 3.5 | 4.0 |
| | | 任意 | > 20° | 2.0 | 2.5 | 3.0 | 3.5 |
| | 0°~90° 区域内为乳白玻璃 | 任意 | ≤ 20° | 2.0 | 2.5 | 3.0 | 3.5 |
| | | 任意 | > 20° | 2.0 | 2.0 | 2.5 | 3.0 |
| 带反射罩的泛照型灯具 | 无 | 透明 | 任意 | 4.0 | 4.5 | 5.0 | 6.0 |
| 带漫反射罩的灯具 | 0°~90° 区域内为乳白色玻璃 | 任意 | 任意 | 2.0 | 2.5 | 3.0 | 3.5 |
| | 40°~90° 区域内为乳白色玻璃 | 透明 | 任意 | 2.5 | 3.0 | 3.5 | 4.0 |
| | 60°~90° 区域内为乳白色玻璃 | 透明 | 任意 | 3.0 | 3.0 | 3.5 | 4.0 |
| | 0°~90° 区域内为磨砂玻璃 | 任意 | 任意 | 3.0 | 3.5 | 4.0 | 4.5 |
| 裸灯 | 无 | 磨砂 | 任意 | 3.5 | 4.0 | 4.5 | 6.0 |

## 2. 灯具间最佳相对距离

为使灯具充分发挥照明作用，灯具的间距要合理。它影响着室内环境的舒适性与安全性。

| 灯具形式 | 相对距离 | | 宜用单行布置的房间宽度 |
| --- | --- | --- | --- |
| | 多行布置 | 单行布置 | |
| 乳白玻璃球灯、防水防尘灯、顶棚灯 | 2.3~3.2 | 1.9~2.5 | 1.3H |
| 无漫透射罩配罩型灯、双罩型灯 | 1.8~2.5 | 1.8~2.0 | 1.2H |
| 搪瓷深罩型灯 | 1.6~1.8 | 1.5~1.8 | 1.0H |
| 镜面深罩型灯 | 1.2~1.4 | 1.2~1.4 | 0.7H |
| 有反射罩的荧光灯具 | 1.4~1.5 | — | — |
| 有反射罩并带栅格的荧光灯具 | 1.2~1.4 | — | — |

注：相对距离为 $L/H$ 值。其中，$L$ 表示两灯的间距，单位：m；$H$ 表示灯具安装的高度，单位：m。

# 不同空间照明设计的应用

不同空间的活动不同，所需的照明需求就不同，所以照明设计不是一概而论的，而是要根据不同空间的需求进行调整。针对住宅空间、办公空间、商业空间等不同空间，要运用不同的照明方法，打造合理又合适的照明环境。

第三章

# 第一节  住宅空间

　　近年来，灯光照明设为住宅室内装饰设计的一个重要环节，其重要性有了显著的提高。以前，人们对它还只考虑实用性，现在，它已经同色彩、样式等因素一起，成为住宅室内设计中需要整体考虑的基本要素。

# 一、住宅空间照明设计要点

## 1. 住宅空间照度基准

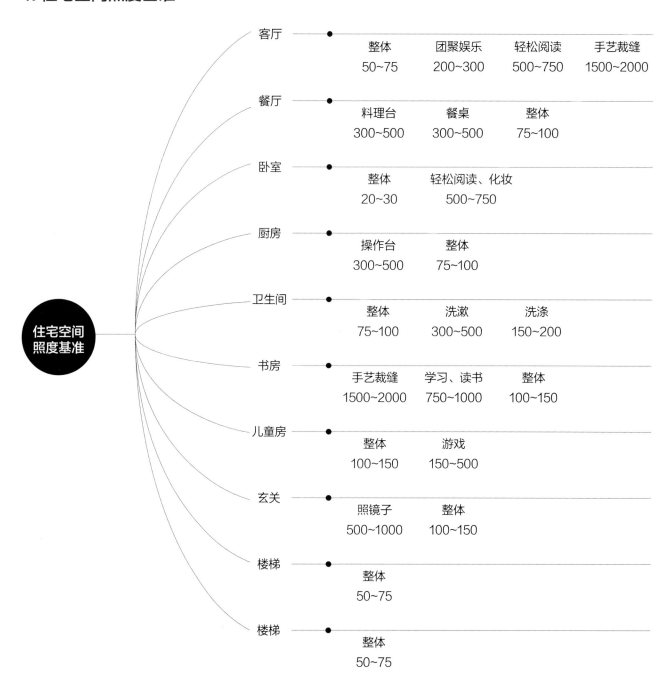

| 住宅空间照度基准 | | | | |
|---|---|---|---|---|
| 客厅 | 整体 50~75 | 团聚娱乐 200~300 | 轻松阅读 500~750 | 手艺裁缝 1500~2000 |
| 餐厅 | 料理台 300~500 | 餐桌 300~500 | 整体 75~100 | |
| 卧室 | 整体 20~30 | 轻松阅读、化妆 500~750 | | |
| 厨房 | 操作台 300~500 | 整体 75~100 | | |
| 卫生间 | 整体 75~100 | 洗漱 300~500 | 洗涤 150~200 | |
| 书房 | 手艺裁缝 1500~2000 | 学习、读书 750~1000 | 整体 100~150 | |
| 儿童房 | 整体 100~150 | 游戏 150~500 | | |
| 玄关 | 照镜子 500~1000 | 整体 100~150 | | |
| 楼梯 | 整体 50~75 | | | |
| 楼梯 | 整体 50~75 | | | |

单位：勒克斯（lx）

## 2. 住宅空间常用灯具

**吸顶灯**

　　适用范围：厨房、阳台、卫生间、客厅

　　特点：通常是漫反射照明，光线柔和

**水晶吊灯**

　　适用范围：客厅

　　特点：通常光线比较耀眼

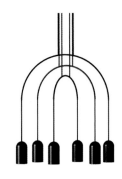

**普通吊顶**

　　适用范围：餐厅、客厅、卧室

　　特点：通常属于间接照明或半间接照明，光线向上分布，以免产生眩光

**壁灯**

　　适用范围：客厅、卧室、餐厅

　　特点：通常属于间接照明或半间接照明，固定在墙壁上，光斑比较明显

**台灯**

　　适用范围：书房、卧室

　　特点：适用于局部照明，光线向下分布，要求光源的照度和显色性较高

**筒灯 / 射灯**

　　适用范围：客厅、玄关、书房、卧室

　　特点：通常产生直接向下的光线，光斑明显，适合集中照明，容易产生眩光

**地脚灯**

　　适用范围：走廊、楼梯、卫生间、卧室

　　特点：适合夜间安全照明，由于位置较低，光线向下分布，可以避免眩光，光斑不明显

# 二、照明氛围与整体空间一致的玄关照明设计

## 1. 玄关照明标准

　　玄关是步入住宅的第一个功能空间，也彰显了整个住宅的文化、品质。玄关的照明氛围最好能与整体空间风格相一致。玄关照明除了为整个玄关提供环境照明，还兼有一定的装饰照明作用。玄关的照度不用太高，可以看清物品或访客即可。如果玄关的照明氛围突出，就可以给人留下比较深刻的印象。

### （1）照度要求

| 玄关活动 | 参考平面 | 照度值 lx |
| --- | --- | --- |
| 玄关整体 | 地面 | 75~150 |
| 穿脱鞋、穿脱衣服 | 工作面 | 150~300 |
| 照镜子、整理仪表 | 工作面 | 300~750 |

### （2）色温和显色指数

| 色温 | 显色指数 |
| --- | --- |
| 2800K 左右 | ≥ 80 |

## 2. 玄关照明方式与灯具选择

### （1）玄关一般照明设计

　　玄关，是家庭中的门面所在。无论其设计手法如何，给人的感觉舒服轻松是最重要的。作为一个过渡空间，玄关通常采用一般照明和局部照明结合的方式，从使用功能和装饰性角度进行照明设计。玄关宜采用暖色光源，营造空间的温暖氛围。光源照度不宜过高，要充分体现其处于明暗空间转换的特殊位置的特点。

　　玄关的一般照明是为整个玄关提供环境照明，并兼有一定的装饰照明作用。玄关的一般照明宜采用提供均匀照度的照明方式，照度值不宜过高。玄关一般照明光源为暖色调或暖白色调。

◀玄关的整体照明要能保证主人和访客能互相看清彼此的脸庞，因此装设位置最好靠近门

◀对于面积较小的玄关而言，不会占用空间的筒灯作为一般照明，既可以提供足够的照度，又能很好地融入空间中，带来简洁的装饰效果

## （2）玄关局部照明设计

玄关局部照明以重点照明为主，主要是对墙面造型、墙面挂画、陈设品的照明，其作用是为装饰品增添光彩，同时起到引导的作用。玄关的局部照明不宜超过两个，否则会令局促的空间显得过于喧闹，破坏空间感。

因为局部照明点的数量和位置的设置要与装饰内容相结合，所以通常玄关设计不宜超过两个重点装饰部位。可作为玄关局部照明的灯具种类很多，一般来说主要是射灯、壁灯，也可以采用暗藏灯带的形式。光源选择主要是暖色调的卤素灯和暖白色荧光灯。

▶暖黄色的暗藏灯带照亮玄关两边的墙，使用木饰面修饰的墙面看上去更加温暖，也让玄关的氛围变得温馨

▶玄关柜上下可以安装照明灯具作为间接照明，如果在下方装设间接照明，装设位置大约距离地面 300mm

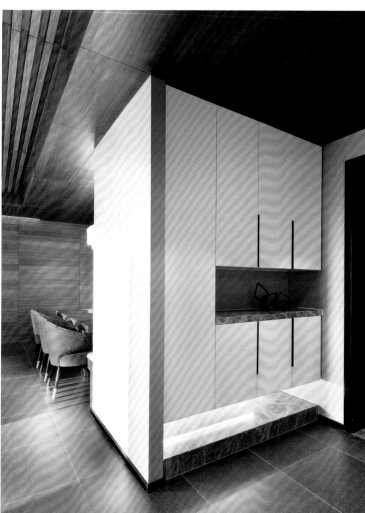

▲玄关处有装饰柜，可以在柜子附近或上方安装集中配光的筒灯，照射装饰品，营造迎客气氛

### （3）玄关照明灯具选择

　　灯具的选择和布置要符合室内装修风格，通常以顶部供光灯具为主，宜选择光通量分布角度较大的照明工具，例如筒灯、吸顶灯、吊灯、反光灯槽、反光顶棚灯。但是，玄关不宜采用过多的照明形式，最好不要超过两种，灯光效果多样化会使玄关照明显得杂乱，并且给人喧宾夺主的感觉。

反光灯槽

反光灯槽使用时，不可作为主光源，这是因为普通反光灯槽的光利用率低，要获得视线高度对的适宜亮度，需要其达到很高的照度水平，这样容易在顶面形成反光灯槽光线辐射区域，从而与其他区域形成强对比，产生眩光效应。所以，反光灯槽宜作为主光源的辅助照明或作为装饰照明使用

筒灯

对于简单装修的玄关，通常可通过一盏主灯，或者根据面积采用多只筒灯来提供一般照明，既满足提供均匀照度的要求，又以简洁的照明组织方式实现玄关过渡空间的作用

**吊灯**
吊灯在玄关中主要作为装饰性
光源存在，精致的吊灯可以吸
引来访者的所有注意力，而使
其忽视其他因素。装饰吊灯的
照度不用很高。选择间接照明
的吊灯可以让柔和明亮的灯光
弥漫整个空间

**柜内灯带**
顶面的一般照明虽然能够保证
空间的整体亮度，但是在玄关
柜附近会形成阴影，导致看不
清柜内的物品，所以最好在玄
关柜内安装灯带，这样在拿取
物品的时候看得更清楚

# 3. 玄关照明设计要点

## （1）迎客氛围的灯光可采用暖光

　　无论玄关的大小或形状如何，都应该营造一种欢迎的氛围。我们可以通过使用标准电压的光源来营造氛围，一些壁灯、台灯或吊灯都能够产生黄色暖光，营造出温暖的氛围。

▶入户的玄关较长，水泥色地面和深色顶面虽然在视觉上压缩了玄关的层高，但是也会给人过于冷硬的印象，为了减少这种"不友好"的感觉，在墙面上设置了符合整体风格的金属灯具，采用暖光光源，营造出一种温暖、愉快的待客氛围

▼整个玄关看上去非常简洁，白色嵌入式玄关柜存在感并不强，空间也没有更多复杂的设计，为了避免过于单调，玄关柜顶部设置向下照射的间接照明，既照亮整面柜体，也为空间提供了光线，因为空间整体色系为白色，所以借由暖光减少清冷感

### （2）可顺应动线设置嵌灯

为了使入户空间不阴暗，玄关可以顺应鞋柜、穿鞋椅的位置安排嵌灯，保证穿脱鞋、收纳有足够的照明，根据回家或出门一系列动作设立嵌灯，让各个活动区域都有充足的照明。

▼采用生态板构建集吊顶、墙板、换鞋凳、鞋柜于一体的玄关空间，一方面斜线元素加强了视线导引，将入户的关注点聚焦在客厅区域；另一方面也为嵌灯位置提供了参考

### （3）多重光源配置提升明亮度

　　将灯光分层能够带来更多的便捷，不仅可以在不同的时间段使用不同的灯，而且不同的光源形成的灯光层次能够形成不同的效果并发挥不同的功能。

▶顶面的筒灯保证了基本的照度，玄关柜内的灯光带来柔和的接光线

▼对于面积较大的玄关空间，最好选择多光源的组合，吊灯和射灯保证基本的照度，灯带和壁灯等间接照明既可以营造氛围，又可以补充光线

### （4）光源集中透射增添戏剧感

如果玄关空间较小，并且有其他光线射入，那么可以设置少量的光源，仅对门口位置进行单独投射。如果其他光源保证了空间的一般照明，集中投射的光源可以在地面形成较戏剧的光影效果，让空间变得生动起来。

▼玄关柜中间的玻璃可以让客厅的自然光线很好地进入玄关，所以玄关的灯具设置比较简单，仅用一盏光线较集中的投射灯进行照明，让光源集中投射在地面，营造出戏剧性氛围

## （5）选出焦点以弥补空间缺陷

提亮焦点能够弥补空间的缺陷。焦点可以是墙上的一张画或是一面镜子、在小桌子上的一盆花，只要是能够从玄关看得到的物品即可。如果没有合适的物品，那么装饰性的吊灯也是不错的选择。

▶利用线型灯照亮入户门对面的墙面，让人一进门就被墙面吸引，同时还能起到引路的作用

▼向下照射的射灯照亮了斜向的墙面，并在前景处形成视觉焦点，同时照亮了玄关柜上的装饰品，带来了强烈的视觉冲击力

# 三、多种照明方式融合的客厅照明设计

## 1. 客厅照明标准

　　客厅是家人团聚和会客的场所，所以客厅的设计应充分显示主人的个性。由于其功能多样化，要求照明设计方式灵活，能够根据不同的使用情况选择不同的照明。

### （1）照度要求

| 客厅活动 | 参考平面 | 照度值（lx） |
| --- | --- | --- |
| 客厅整体 | 地面 | 30~75 |
| 娱乐 | 工作面 | 150~300 |
| 阅读 | 工作面 | 300~750 |
| 手工 | 工作面 | 750~1500 |

### （2）色温和显色指数

| 色温 | 显色指数 |
| --- | --- |
| 2700~3000K<br>（一般人对客厅的明亮度要求） | ≥ 80 |

## 2. 客厅照明方式与灯具选择

### （1）客厅一般照明设计

　　客厅一般照明起到环境照明和一定的装饰照明作用。通常，环境照明不需要过高的照度，但是由于客厅是住宅的主要空间，所以为了突出其主体地位，即使作为环境照明，也要适当提高客厅的总体亮度。因而要求客厅具有较好的一般照明照度水平。

　　客厅一般照明宜选用顶部或空间上部供光的照明灯具，这样既可单独使用主照明，也可以采用主照明与其他辅助照明结合的方式。

▼一般照明只需要照亮整个客厅空间，不需要过于强调功能。客厅的主照明为客厅空间提供大量的采光光线，通常，发挥此功能的光源是顶面的吊灯或吸顶灯。客厅一般照明可以根据居住者喜好的风格进行不同的搭配

### （2）客厅局部照明设计

客厅局部照明既有工作照明，又有装饰照明。工作照明主要指为沙发阅读提供的照明，通常采用落地灯和台灯。从使用功能角度考虑，落地灯、台灯宜选择有遮光罩的款式，以获得更好的照明效果。选择时还要考虑遮光罩底口距地面的高度和照度水平。

▲喜欢沙发阅读的人，可以在沙发区域增加光线柔和、照度充足的小台灯或落地灯，补足阅读所需的照度，也让光线和灯饰营造角落风景，但需要注意的是，台灯或落地灯遮光罩底口距地面的高度不应低于使用者坐下时眼睛的高度，照度一般为300~500lx，宜选用暖白色光源

客厅的装饰照明主要是对墙面装饰画、装饰小品、主要陈设品等空间装饰点的照明，以及烘托气氛的照明。进行装饰照明的灯具大多是射灯和筒灯，也有部分是反光灯槽等形式。

▲通常会在客厅的沙发背景墙、展示柜等区域布置装饰画或墙饰。为了突出装饰物的装饰效果，将空间的重点聚焦于此，可以在顶面设置光线向下的射灯，将光线打在装饰物上，既突出装饰物又丰富了客厅的灯光层次

### （3）客厅照明灯具选择

客厅的一般照明灯具可选择吸顶灯、吊灯或筒灯。不同安装方式和配光效果的灯具具有不同的供光效果，在确定灯具款式之前，应对灯具的光通量分布情况及光影效果与室内装饰风格的协调问题加以考虑。

💡 **照明贴士**

一般来说，客厅主照明是作为提供客厅空间整体亮度的环境照明而存在的，要求具有相对均匀的光分布，所以通常不宜选用光通量分布集中的照明灯具，否则会造成光线分布不均匀和顶部暗淡，破坏空间整体亮度感。但当环境需要时，也可选择具有一定特殊照明效果的灯具。

客厅一般照明的辅助照明可以通过筒灯、射灯、反光灯槽等来实现。筒灯、射灯属于光通量分布相对集中的灯具，通常分布在顶棚的周边，能够在墙面产生一定的光晕，起到丰富视觉效果的作用。

**吊灯**
吊灯的装饰效果是所有灯具中最好的，只要一盏就能为客厅营造不同的氛围

◎ **向下发光的款式**
向下发光的吊灯由于装有遮光灯罩，没有光线漏射到天花板上，所以天花板会比较暗，因此需要与间接照明组合使用。但是视觉上装饰效果不错，而且能够保证垂直下方桌面的亮度

◎ **整体发光的款式**
整体发光的吊灯能照亮天花板，让空间整体都很明亮，通常是从天花板垂下来的款式，因此要求天花板的高度至少有2400mm

筒灯

筒灯既可以作为一般照明使用，也可以作为局部照明使用。筒灯作为一般照明使用时，需要均匀排布才能保证照度均匀，使每个部分都能得到相同的光线

◎四个角 4/8 个

等距离布置灯具，可以获得均匀的照度，但是照明没有主次，整体氛围比较单调

◎墙边 3 个 + 中央 1 个

将人的视觉集中于内侧墙上，增加视觉上的明亮感，墙上如果有装饰物的话，更能营造氛围。中央桌面上方也安装一个筒灯，能保证水平面的亮度

◎中央4个

房间中央的茶几上方安装4个筒灯，显得亮处十分集中，但墙面显得较暗，可以与间接照明一起使用

◎墙边各2/3/4个

在墙边安装筒灯，两侧墙面显得更亮，如果墙上有装饰物，更能突出氛围，几面也能被照亮，再搭配落地灯，这样就能更有意境了

**反光灯槽**

反光灯槽可以提高顶棚局部位置的亮度，降低顶棚的阴影。但当选用追求顶棚光晕效果的灯具时，应控制反光灯槽的照度和光线辐射面积，以免破坏顶棚的光晕效果

**落地灯／台灯**

落地灯或台灯常作为辅助照明出现。一般，当主灯的亮度不够需要提升客厅整体亮度时，可以用台灯、落地灯等其他辅助光源来增加亮度

## 3. 客厅照明设计要点

### （1）同时采用直接照明和间接照明

一般，客厅既应有直接照明，又要有重点和比较有情趣的间接照明，这样才能营造出一种氛围。客厅的主体照明一般以亮度为标准，但绝不能刺眼眩目，最好是可调节的光源或是能分层次关闭的光源。当客厅人少或看电视时，可关闭主体照明灯，开启地灯、台灯或落地灯等。

间接照明

直接照明

（2）根据家具摆放确定灯具位置

在为客厅制订照明计划时，需要考虑家具摆放的问题。如果主要的家具放在中心区域，那么就要保证每个角落都有台灯提供照明；如果主要家具靠近墙面，那么一对台灯或是落地灯就能够提供想要的照明效果。

▲可以看到围合式摆放家具的客厅，焦点既不是沙发也不是座椅，而是被嵌灯照亮的中央茶几区域

### （3）局部照明减轻电视荧光带来的视觉疲劳

客厅的局部照明主要在于背景墙的设计，尤其是电视背景墙。因为电视画面与背景墙的亮度差较大，视线移动时就要不断调整瞳孔的大小，从而使眼睛疲劳，比较好的解决方法是在关掉其他照明时，点亮电视机背景墙的灯光，这样的局部照明设计可以减轻视觉疲劳。

▲从上方照亮背景墙，能使墙面照度均匀，但对墙面的平整度要求高。一般灯具的安装位置距离墙面150mm比较适合，遮光板的尺寸保证在150~200mm即可

▲从下方照亮背景墙，可以将灯具深埋在电视柜或背景墙造型中。从下方照射，给人沉稳放松的感觉

### （4）暖白色光源客厅视觉效果更好

客厅一般照明宜采用暖白色或暖色光，将其综合使用效果更佳。因为一般照明照度相对较高，而高照度的暖光容易令人产生不适感，所以主照明宜选用暖白光。光源的选择要考虑全部启动时空间的光环境效果，既要体现出光源的主次关系，又要有较好的视觉效果。通常，客厅光源可选用 LED 灯、卤素灯、荧光灯。

▲暖色光虽然给人的温馨感较强，但是照度不够，而暖白色光源可以让原本沉闷的客厅变得明亮起来，看起来更加宽敞、干净

▲对于开放式客厅，暖白色光源可以使各个空间之间的联系加强，也能保证每个空间对照度的不同要求

**（5）利用照明解决开敞客厅的区分问题**

开敞式客厅往往与餐厅共处一个空间中，如果不能用隔断来区分空间的话，可以尝试用灯光来区分，利用光线使人在看的时候能自动对空间进行分区或联系。

▲虽然客厅和餐厅在同一个空间中，但很容易区分开，因为客厅的灯光更加分散，给人悠闲的感觉；餐厅区域的光线更加集中，给人专注的感觉

▲当厨房、餐厅与客厅的顶棚有高差时，可利用此高低差设置灯槽照明，用柔和灯光提高客厅的开放感，让人一下子就能把餐厅和客厅区分开

# 四、围绕餐桌的餐厅照明设计

## 1. 餐厅照明标准

在现代住宅中，餐厅环境氛围的好坏直接影响到人们食欲的好坏，因此，其照明设计的重点是注重灯光的艺术化和就餐环境氛围的营造。

### （1）照度要求

| 餐厅活动 | 参考平面 | 照度值（lx） |
|---|---|---|
| 餐厅整体 | 地面 | 20~75 |
| 餐桌 | 工作面 | 150~300 |

### （2）色温和显色指数

| 色温 | 显色指数 |
|---|---|
| 2500~2800K<br>（黄光较佳，易形成温暖、愉快的气氛） | ≥ 90 |

## 2. 餐厅照明方式与灯具选择

### （1）餐厅一般照明设计

餐厅的一般照明是为餐厅提供环境照明，如果餐厅不太大，那么一般照明是可有可无的；如果餐厅面积较大，可以将射灯、筒灯、反光灯槽作为一般照明，为空间提供整体亮度，使空间显得明净、清爽。

▶ 空间面积和装修风格有关，当空间面积过小时，可以直接利用作为重点照明的餐桌局部照明提供一般照明

▼一般在餐桌处设置局部照明就足够了，如果空间较大，就需要设计一般照明，以免餐桌与周围亮度对比过于强烈

### （2）餐厅局部照明设计

由于餐厅中的活动主要是围绕餐桌进行的，所以照明的重点区域也是餐桌。餐厅的局部照明包括对餐桌进行的重点照明，也包括对装饰画、陈设品等进行的装饰照明。餐厅局部的装饰照明灯具通常以窄光束筒灯、射灯为主，起到为餐厅增添层次感、渲染气氛的作用。

▶餐厅的局部照明除了餐桌上方的吊灯外，还有餐边柜附近的筒灯或射灯，这样餐厅的氛围更加浓厚

### （3）餐厅照明灯具选择

　　餐厅照明灯具的选择要集功能性、装饰性于一体，从灯具的体量、形态，材质等方面体现其在空间中的主体地位，并通过适宜的光源选择实现其功能价值。

　　因为餐桌的照明灯具具有空间位置确定性强的特点，即通常设在餐桌正上方，所以宜选用具有一定高度的垂吊式灯具，这样既利于光线照射针对性的体现，又可以使灯具与餐桌产生视觉上的完整性，增强区域感。餐桌灯的悬挂高度不宜低于800mm，否则会遮挡视线。餐桌照明灯具应选择照度为100lx 左右的显色性好的暖白色光源，或将暖白色光源与暖色光源相结合，以增强菜品的鲜嫩感，唤起用餐者的食欲。

射灯
可以用射灯照射墙上的装饰物，由此获得高档餐厅的氛围感

吊灯
如果仅使用吊灯照明的话，最好采用同时可获得间接照明效果的灯具，这样能让餐桌显得更突出

## 3. 餐厅照明设计要点

### （1）利用造型吊灯增添装饰性

　　餐桌上方的照明灯是用餐区域最为重要的一部分，如果室内层高足够，可以通过安装吊灯来增强视觉效果。通常都会在餐桌中心上方安置一盏吊灯，如果餐桌足够长，就可以选用一对吊灯或者组合型吊灯来增强效果。

▼餐厅的面积不大，餐桌上方的吊灯灯罩是透光玻璃，不仅造型个性、装饰效果简约，而且能够将光线向各个方向散开，充当一般照明。为了突出明暗效果，可利用窄光型筒灯照射墙上的装饰画，以获取更多层次感

▶由于空间面积较大，并且采光条件较好，所以
餐厅选择了造型精美的灯具，让人一进入餐厅就
能看见。由于吊灯所发出的光比较微弱，所以一
般会在周围增加射灯来提高整体的亮度

▼一盏极具装饰效果的吊灯成为整个空间的焦
点，由于餐桌较长，为保证桌面的照度均匀，使
用了两盏相同的造形吊灯，保证照度的同时也让
视觉重点更加突出

## （2）直接+间接照明混搭配置

　　餐桌上配置的小型吊灯可以作为直接照明，周围墙上的筒灯则作为辅助照明使用。筒灯的光线射向墙面，吊灯的光线射向桌面，避免了光源相互干扰，又能让餐厅的光线层次更加丰富，同时氛围也会更加多变。

▼下垂的水晶吊灯可以保证圆形餐桌用餐的照度，为了让餐桌的氛围变得更热闹，可在顶面加入反光灯槽作为间接照明

### （3）利用筒灯获得均衡照度

如果不想使用吊灯，那么也可以考虑将筒灯作为餐厅的一般照明，确保餐桌面得到比较均匀的照度，使天花板看上去也更加干净。在餐桌上方，可以较小的间隔装设 2~4 盏灯具，让桌面得到较均匀的照度。

▶餐厅的面积较小，使用筒灯比吊灯更节约空间，让空间不会显得拥挤。并且双头射灯也可以保证基本的照度要求

▼在餐桌上方集中安装 2 盏或 4 盏筒灯，以便光线足以覆盖餐厅中央大部分空间

## （4）可调整光源灯具让照明更灵活

选择可以改变投射方向的灯具，可以随时根据氛围或功能改变光线的投射方向，使餐厅的照明也变得更加灵活。

▼客厅、餐厅和厨房之间，利用色彩和材质的呼应，形成视觉上的连贯感，整体以黑、白、红三色为基调，打造出时尚的现代感。开放式餐厅将不同颜色与材质的餐桌作为空间的主角，特别搭配 MultiLite 灯具，其灯罩可翻转的设计，除了能变换灯体造型，还能灵活地调整光源的照射角度

# 五、避开光源直射的卧室照明设计

## 1. 卧室照明标准

卧室是为人们提供休憩和睡眠的场所，在对其进行照明配置时，要考虑到整体功能空间的设置情况，以及使用者年龄、兴趣爱好等差异。

### （1）照度要求

| 卧室活动 | 参考平面 | 照度值（lx） |
|---|---|---|
| 深夜 | 工作面 | 0~2 |
| 卧室整体 | 地面 | 10~30 |
| 看书、化妆 | 工作面 | 300~750 |

### （2）色温和显色指数

| 色温 | 显色指数 |
|---|---|
| 2700K 左右，儿童房建议 4000K 左右 | ≥ 80 |

## 2. 卧室照明方式与灯具选择

### （1）卧室一般照明设计

卧室一般照明是作为环境照明使用的，通常在组织方法方面不受使用者年龄差异的影响，具有一定的共性特点。在卧室中，宜在顶棚的中心位置设置主照明，在周边位置根据需要设置反光灯槽、筒灯、射灯等其他常用辅助照明，以形成丰富的光效果，增加空间的装饰感。

▲因为卧室一般照明主要作为环境照明存在，所以也可以不设主光源，仅靠其他照明手段提供一般照明，但需要对吊顶或局部吊顶进行处理

▼对于想要设置主光源的卧室，要对其审美性和光效进行考虑，可以选择光线分布均匀的吸顶灯或垂吊灯具

（2）卧室局部照明设计

卧室不宜设置过多的局部照明，是因为繁杂的灯光环境会破坏卧室安静、平和的气氛。卧室局部照明主要是对主墙面造型、墙面挂画的装饰照明和满足不同附属功能需求的功能性照明。

▼卧室局部装饰照明不宜采用过高的照度，灯具以筒灯、射灯、反光灯槽为主，主墙面的装饰照明宜采用暗藏式灯带，这样既不会造成眩光，又具有塑造装饰造型体积感的作用

### （3）卧室照明灯具选择

卧室灯具的材质与色彩要根据空间的风格而定，考虑与装修所用材料、色彩的协调性。选用垂吊式灯具时，要注意灯具体量和下垂高度的合理性，避免给人造成不安全感和压迫感。

吊灯 / 吸顶灯
吊灯和吸顶灯的位置一定不能在床头正上方，否则光线会直接进入眼中，可以选择靠近床尾的位置

筒灯
用筒灯作整体照明，最好选用扩散型光源，并且安装的位置不能靠近床头

暗藏灯带

暗藏灯带作为最能营造氛围的灯具，非常适合在卧室中使用。可以把灯带放入吊顶或窗帘盒中，用柔和的间接照明烘托氛围

### （4）卧室照明光源选择

卧室一般照明光源以暖色调为宜，能够营造安静的空间氛围，使人容易入睡。光照度一般不宜太高，否则容易使人兴奋。但因老年人视力衰退，所以其卧室照度要适当提高。卧室一般照明光源的色彩选择，要适当考虑使用者年龄的差异。

▼用来休息睡觉的卧室，其照明的基本原则是光线柔和、不刺眼，而暖色光不但光线柔和，而且更易营造温暖的氛围

## 3. 卧室照明设计要点

### （1）多层次灯光满足不同情境

大多数人的卧室可能不只是睡眠的场所，还是阅读、更衣的场所，因此可以为卧室空间搭配多重照明光源，例如天花板间接照明、嵌灯、床头收纳灯、两侧阅读灯等，这样不论是睡前需要温和一点的光线，或是更衣、化妆需要充足的照明，均可根据需求切换使用。

▼卧室顶面的筒灯保证了空间的整体照度，为防止光线进入眼中，将筒灯安装在了床尾的上方，为了给床头增加光线，在床头两侧设置了两盏可调节角度的壁灯，以便在床上玩手机或看书时增补光线

### （2）卧室减少大型灯具的压迫感

卧室的照明设计主要是为了创造舒适的休息环境，相对于造型精美的大型灯具，嵌灯或体积较小的灯具既可以减少视觉的刺激，也能减少压迫感。

▲用灯槽照明照亮顶面，间接投射下的光线给卧室营造更加温馨、柔和的氛围，相比于悬挂大型灯具带来的精美感，卧室灯具更需要呈现温暖的感觉

◀卧室灯具尽量以小巧的造型为佳，对于面积不是很大的卧室，一盏小的吊灯就有不错的装饰性，且不会带来压迫感

### （3）将光源移出视线

如果光源直接进入视线，会令人感到不舒服。对于卧室而言，更要避免出现躺下时光源进入视线的情况。如果在枕头上方安装筒灯的话，光源就会直对视线，让人感到刺眼。为了避免出现这种情况，最好将灯具安装在床脚位置的顶面，这样不仅可以防止眩目，还可以营造空间的氛围。

▲无主灯的卧室，光线来源于床头背景墙上的檐口照明和顶面的筒灯，直接光线与间接光线交错，营造出非常舒适的卧室环境。同时，一盏能投射出不同色彩的落地投射灯，也让卧室的灯光产生更多样的变化性，非常有新意

◀床头板背后的间接照明和床头吊灯，使卧室照明层次丰富。嵌入床头板背板的光源不会直射人眼，所以能够创造出比较柔和的照明环境

### （4）利用衣柜内光源营造氛围

　　卧室空间中，除间接照明外，衣柜内的光源也是一大特色，将 T5 或 LED 灯具嵌在层板之间，或是将筒灯嵌在顶上，一方面方便寻找衣物，另一方面暖黄色的光线打在衣柜上，可以反射出温柔、稳重的光线，与卧室追求的温馨氛围非常搭。

▶因为是较小的步入式衣柜，所以直接在顶面嵌入两盏筒灯，从上自下均匀地铺洒光线，暖色光源给人非常温暖的感觉，这也与卧室平和的氛围相吻合

▼整个卧室除了顶面的筒灯和床头的壁灯以外，还有衣柜内的光源。整体衣柜的中间加入开放的储物格，白色的柜体和暖黄色的光源，让原本厚重、沉闷的衣柜变得有层次，氛围感十足

### （5）儿童房灯光需要有新鲜感并且实用

简洁、充满新鲜感并且实用的灯光是儿童房所需的。简单的层次需要为这个空间在用作游戏房时提供明亮的灯光，在讲故事时提供较昏暗、柔和的灯光。所有人能看得到的灯具的位置也非常重要，在儿童房中的所有东西都不应该在儿童能够得着的范围内，包括灯具、开关、插座等。

▶婴儿房的照明设计尽量以柔和、漫射的灯具为主，色温可以低一点，营造出温馨、柔和的氛围。灯具的色彩和造型可以简单，但是摆放的位置一定要远离婴儿的视线

▼将筒灯融入可爱的顶面造型之中，形成一个个发光圆盘的同时，又能避免光线直射带来的不适感，让整个房间都有柔和的光线

▲对于暂时没有写作业需求的孩子，照明要满足孩子在任何地方都能进行游戏、绘画等需求。筒灯提供明亮的直接照明，不透光材质的吊灯和发光灯槽则提供充满氛围的间接照明，使整个儿童房都被光线覆盖

▲当儿童需要做作业时，就需要局部照明。书桌的台灯可以给桌面提供足够的照度，并且白色光有助于儿童集中精神学习。由于睡眠时最好用暖光灯具，所以在床头嵌入了暖光灯带，提供柔和的间接照明

# 六、不过分追求装饰性的书房照明设计

## 1. 书房照明标准

书房是进行阅读、学习等活动的场所，要求有高雅、幽静，能使人心绪平静的环境。注重整体光线的柔和、亮度的适中，以免加速人的视觉疲劳。

### （1）照度要求

| 书房活动 | 参考平面 | 照度值（lx） |
| --- | --- | --- |
| 书房整体 | 地面 | 75~150 |
| 电脑游戏 | 工作面 | 150~300 |
| 伏案操作、工作 | 工作面 | 300~750 |
| 学习 | 工作面 | 500~1000 |
| 手工 | 工作面 | 750~1500 |

### （2）色温和显色指数

| 色温 | 显色指数 |
| --- | --- |
| 如果仅看书，没有其他光源，使用 4000K 色温可提振精神；<br>如果习惯在书桌上使用电脑，因电脑的色温为 5500~6000K，建议使用 3000K 左右的色温去平衡 | ≥ 80 |

## 2. 书房照明方式与灯具选择

### （1）书房一般照明设计

书房一般照明既为保障环境照明要求，也是为了实现空间亮度与局部亮度的调和，提升光环境质量。书房的一般照明通常以一盏中心照明灯具为主，不宜采用过多的辅助照明，否则会使空间显得凌乱，使人的情绪不平静，从而影响工作、学习效率。

▶书房一般不过分地追求装饰性，所以可以不设置复杂的一般照明。也可以不设主照明，仅采用一定组织形式的反光灯槽、筒灯、射灯等灯具作环境照明

▶书房其他局部照明的设置要视空间的面积而定，小面积书房不宜采用过多的装饰照明，以免分散人的注意力；而面积较大的书房，则可以适当进行设置

## （2）书房照明灯具选择

书房的主要功能是阅读、书写等，所以一般工作灯宜选择可任意调节方向的照明灯具，通常摆放在书桌的左上方，有利于为阅读和写作等提供良好的照明，同时宜选择照度为 300~500lx 的暖白色光源。

书橱前的重点照明可以起到明视作用，方便存取书籍，同时也可以作为书橱内陈设品的装饰照明。此种照明应与书桌保持一定的水平距离，以免使工作区产生眩光。当书橱在书桌的背后，且距离较近时，不宜在此设置局部照明。休息区的设置根据书房空间情况而定，其照明设置宜淡雅、平和，以便使用者工作疲劳时，可以在舒缓、轻松的光环境中放松身心。

灯带

在书架内的层板下加入 LED 灯带可以照亮书架内部，不仅方便找东西，而且也可以照亮装饰物件，为书房增加装饰感

筒灯

筒灯作为一般照明更加节约空间，让书房显得更加简洁，并且相比于吊灯，筒灯的布置更加灵活，可以根据书桌的位置进行安装

吊灯 / 吸顶灯
吊灯或吸顶灯除了能提供比较柔和的光线外，还能为书房增添装饰效果

台灯
为了满足学习、书写和
阅读等功能需求，最好
选择频闪较少或变电器
类型的台灯

# 3. 书房照明设计要点

### （1）利用间接照明打造享受型书房环境

如果不需要进行视觉作业，只用来听音乐、玩游戏等，只设计间接照明即可，这样氛围更加轻松。顶面较为明亮的话，可以只在书架上方安装间接照明，以保证房间的整体亮度。

▶座椅上方的壁灯保证了阅读时的亮度，并且书房的采光较好，所以整个书房照明只有书架内的灯带，其作为氛围的渲染者，给人比较悠闲的感觉

▶利用有间接照明特性的吊灯来打造温和的书房环境，也能给人休闲、自在的感觉，向上分散的光线，从地面反射下来，不会给人刺眼的感觉，反而能营造出更加温馨的氛围

### （2）一般照明＋局部照明满足集中视线需求

因为书房有书写的需求，所以要考虑将桌面的局部照明与一般照明组合在一起。一般照明可以保证整体空间的照度，局部照明只在视觉作业时打开，以营造舒适的照明环境。

▶可调节方向的射灯可以弥补小型吸顶灯光线不足的缺陷，照亮墙面。书桌由于靠近窗户，所以采光较好，仅用台灯就能保证亮度需求

▼顶面吊灯为书房提供了光线柔和的一般照明，同时也带来了不错的装饰效果。书桌上的金属台灯不仅契合空间风格，而且能单独为桌面提供照度

# 七、重视台面照明的厨房照明设计

## 1. 厨房照明标准

厨房属于功能区域，是家务劳动比较集中的地方。厨房照明设计首先应该实现备餐的功能照明。随着人们对环境要求的提高，照明设计还应该尽量创造能够使人愉快地进行家务劳动的良好光照环境。

### （1）照度要求

| 厨房活动 | 参考平面 | 照度值（lx） |
| --- | --- | --- |
| 厨房整体 | 地面 | 75~150 |
| 操作台、洗菜池 | 工作面 | 200~500 |

### （2）色温和显色指数

| 色温 | 显色指数 |
| --- | --- |
| 如果厨房与餐厅连接，厨房的色温最好与餐厅一致，色温可偏低，2500K左右即可；如果厨房是独立的，建议用高色温，但不宜超过4000K | 接近90 |

## 2. 厨房照明方式与灯具选择

### （1）厨房一般照明设计

厨房一般照明需要有足够的照度，以提高整个空间的亮度，确保工作的便捷与安全性。厨房一般照明通常以吸顶灯和防雾灯为主，不宜采用光源裸露式灯具，以防止因水汽侵蚀而发生危险和受油烟的污染而难以清理。当一般照明不能满足操作台位置的照明时，应采取局部照明的形式进行照度的补给。

▶厨房是操作区域，照明设计主要为满足操作行为的明视需求。对于空间独立性不强的厨房，例如开放式厨房，应将其照明设计与餐厅空间的照明进行统筹考虑，以强调厨房与餐厅的关联性，但不应忽略操作照明的重要性

▼用筒灯做一般照明是厨房常使用的
设计手法，筒灯不占用空间，又不用
担心清洁问题，同时如果排布均匀，
就能够提供比较均衡的照度

**（2）厨房局部照明设计**

厨房局部照明通常设在操作台的上方，可采用有遮光板的灯具，或与吊柜结合，隐藏于吊柜之内，以减少眩光。

▲在需要洗菜、切菜与烹煮的厨房中，特别要强化亮度，因此嵌灯集中于橱柜中，再搭配间接照明以补足光源，使人看得更清楚

## 3. 厨房照明设计要点

### （1）直接光源 + 台面照明满足不同烹饪需求

　　厨房的直接照明光源可以选择白色荧光灯或带调光功能的 LED 筒灯等。如果只用一般照明的话，人站立的地方会形成阴影，导致人看不清操作台，所以也要有台面照明。台面照明一般设在吊柜下方，柜下灯要保证 300lx 左右的照度，一般照明 100lx 为最佳，这样才能保证做菜的时候看清楚台面。光色最好选择白色，使空间有清洁感。柜下灯由于距离眼睛较近，为避免出现刺眼的问题，最好装设挡板，或是选择附带灯罩的照明灯具。

▲在切菜、配菜部位设辅助照明，一般选用长条管灯设在边框的暗处，这样光线柔和而明亮。用基本照明照亮整个区域和利用局部功能照明来准备食物的组合能够获得最佳效果

◀在吊柜下安装灯带，光线均匀又连续，照亮操作台面，背光也不怕切到手，真正做到台面无死角

▲根据需求安装合适长度的灯带，如果前期计划好，可以将灯带嵌入柜底，线路走柜内，使外部更美观简洁；要是后期想加，也可以直接加装，只要附近有插座即可

▲也可以在橱柜上方安装照明装置作为间接照明，比如，小射灯照在橱柜的上部，不仅不会刺眼还方便取物

### （2）开放式厨房灯光强调统一与独立

开放式厨房虽然在视觉上与餐厅完全融合，但灯光设计仍要依照使用需求独立配置，因此除了整体环境亮度之外，餐厅和厨房依然要有各自的重点照明以强调区域范围。但是也要考虑到整体的美观性，所以厨房一般照明的色温要与餐厅相同，这样可以令整个住宅更有一致性，看起来更舒服。

▲由于客厅、餐厅同在一个空间，并且顶面没有做造型的区分，所以整个顶面都是用筒灯做一般照明，仅在橱柜前方安设了窄光束的筒灯，保证台面的亮度

▼可以看到开放式厨房的整体风格与客厅并没有区别，不论是色彩还是用材都是一致的，但是由于两个空间对于灯光的需求不同，所以照明设计除了使用了相同的筒灯作为一般照明灯具外，厨房区域还特地在洗菜台上方设置了吊灯，为台面提供均匀又相对独立的光线

## （3）厨房灯具位置应朝向橱柜前面

厨房灯具安装的位置也很重要，筒灯应该安装在朝向橱柜的前面部分，这样发出的部分光会射向后挡板，然后反射到操作台面上，再射向整个厨房的中心。

▶筒灯的位置并不是在厨房的正中央，而是更靠近橱柜，这样可以减少阴影的产生

▼如果想用吊灯装饰，可以单独放在水槽上方，这样光线直接照射下来，让人看得更清楚

**（4）结构性灯光可以使空间更柔和**

在厨房的一些橱柜中适当地放入一些结构性灯光，例如在橱柜的玻璃搁板后方打上灯光，或是在层板下安装，可以起到突出陈列物的作用，这样的设计能够使空间变得更加柔和，并且能使功能性极强的厨房与其他空间在风格上保持协调。

▼向上照射的层板灯在墙面和顶面形成了好看的光晕，也让厨房的氛围变得不再那么单调

# 八、考虑分区照明的卫生间照明设计

## 1. 卫生间照明标准

卫生间的照明设计主要突出功能作用，保证足够的照度，除此以外，也可以根据空间大小、风格来确定是否增加装饰性照明。

### （1）照度要求

| 卫生间活动 | 参考平面 | 照度值（lx） |
| --- | --- | --- |
| 卫生间整体 | 地面 | 50~100 |
| 洗衣服 | 工作面 | 150~300 |
| 化妆、洗脸 | 工作面 | 200~500 |

### （2）色温和显色指数

| 色温 | 显色指数 |
| --- | --- |
| 大约1000K，不宜太高 | ≥ 80 |

## 2. 卫生间照明方式与灯具选择

### （1）卫生间一般照明设计

一般情况下，卫生间的一般照明由主灯提供。大多数家庭卫生间的主灯是和吊顶同时安装的，嵌在吊顶的一个或几个格子中；如果单独安装，多为均匀分布几个筒灯。

▶卫生间的一般照明尽量选择白光光源，这样整个空间会给人比较干净、明亮的感觉

▲对于面积较小的卫生间，
一盏集成吊顶灯就能够满足
整个空间的照明需求

### （2）卫生间局部照明设计

卫生间的局部照明主要是洗漱区照明。通常可在洗漱区设置镜前灯，也可以在镜子上方设置反光灯槽或箱式照明。镜前灯应安装在镜子上方视野 60°立体角以外的位置，其灯光应投向人的面部，而不应投向镜面，以免产生眩光。

▼卫生间的照明设计要点除了一般照明要有充足的照度外，最重要的是镜前的局部照明设计，要避免产生阴影

### （3）卫生间照明灯具选择

卫生间一般照明灯具通常采用磨砂玻璃罩或亚克力罩吸顶灯，也可采用防水筒灯，以阻止水汽侵入，避免危险的发生。一般照明灯具通常设置一盏，对于将洗漱区独立设置的卫生间，应配合分区情况加设灯具。

## 3. 卫生间照明设计要点

### （1）依照分区进行不同照明设计

现在的卫生间设计，讲究干湿分离法，若各个区域被划分妥当，那么照明也需要分点进行。主灯部分，依旧是空间中的重点。对于卫生间而言，其主灯的位置一般位于天花板正中央，辅助照明的灯具可以根据卫生间的功能分区进行添加和排布，可以在洗手台、马桶、淋浴间及浴缸这几个区域配置功能性灯光。

▶镜子两侧的吊灯保证了人照镜子的光线，洗手台上方的筒灯保证了洗手台的光线，马桶上方的筒灯则保证了如厕区的光线

▼可以看到洗脸区、淋浴区和马桶区都有灯光，虽然整个卫生间没有独立的主灯，但是多个辅助照明组合也能照亮整个空间

## （2）镜面注入光源可有效提高明度

卫生间的洗脸槽上方一般会放入一个镜子，而镜外再用光带做包覆，提供重要光线，也可带来不一样的视觉意象。光线的注入对于镜子的使用上也有加分效果，而镜面旁的光源会使整个镜面的亮度提高，不易在脸上产生阴影，对于卫生间的镜子来说，这是非常重要的。

▲ 在圆形的镜子外侧嵌入灯具，这样，镜子就像在发光一样，不仅看上去好看，而且也能照亮人脸

▼ 选择自带镜前灯的镜子，灯具藏于镜子的两侧，不容易产生眩光，灯具也不会突出镜面。由于洗手台较大，所以镜子上下也加入了灯具，这样就可以避免两个发光带的间距过大，导致光线照不到人脸的两侧

▼ 镜子两侧或一侧安装吊灯，长度与镜子的高度相当，可以将光线均匀地投射在面部的正前方，使人在照镜子时面部亮度均匀，没有阴影

▲在的镜子上方安装镜前灯，来自上方的均匀光线与自然光的投射方向相同，使垂直面照度和洗手台照度充足

## （3）避免在卫生间中心上方安装灯具

卫生间安装在顶部的照明灯的位置就如同其他区域实用而又不会产生阴影的灯光一样重要。如为厨房工作台面提供照明时，嵌顶式可调节聚光灯是沿着台面边缘安装在顶部的，卫生间顶部的灯光设计也是同样的原理。

▶不论是淋浴区还是浴缸区，都能通过在其背后区域上方安装嵌顶灯，来达到照亮墙面的效果。但是要避免在这些区域的中心位置安装灯具，因为这样不仅没有实用性，而且在使用时会让光线直接进入视线中，引发不适感

### （4）点光源分散照明带进卫生间

可利用酒店、商场常见的点光源分散的照明手法来设计卫生间照明，因为光束越宽，靠近地面的照度就越低，阴影就越小，整体照明显得低调又自然，更显档次。

▶顶面设计形成高低不同的造型，拉近了灯与地面的距离，分散的光源照亮不同的区域，因为离地面近、照度较低，所以阴影不会很大，反而显得很有档次

### （5）利用灯带加强局部照明机能

利用嵌灯照亮整体空间，既能提供充足的照度，也能保证顶面的平整度。另外，在镜面、淋浴区墙壁上加装光带，可强化局部区域所需照明。

▶利用灯带照亮墙面，感觉墙壁在发光，给人非常柔和的感觉

（6）利用反光材料与灯光放大空间

卫生间如果处于无法开窗，也没有自然采光的位置，在设计照明时，就要特别重视空间的提亮效果。除了可以使用大量白色瓷砖来制造明亮、洁净感，还可利用镜面、玻璃等可穿透与能反射光的材料，让光源不受到任何阻挠，均匀地照亮卫生间。

▼白色系卫生间能给人非常干净、明亮的感觉，搭配金属色灯具，增加了透亮感

# 九、减少昏暗感的走廊照明设计

## 1. 走廊照明标准

走廊的照明通常以满足最基本的功能要求为目的，但在有些情况下，可以采用特殊照明效果对走廊空间进行改善。

### （1）照度要求

| 走廊活动 | 参考平面 | 照度值（lx） |
|---|---|---|
| 走廊整体 | 地面 | 30~75 |
| 深夜 | 工作面 | 0~2 |

### （2）色温和显色指数

| 色温 | 显色指数 |
|---|---|
| 2700~3000K | ≥ 80 |

## 2. 走廊照明方式与灯具选择

走廊照明通常以满足最基本的功能要求为目的，但在有些情况下，可以采用特殊照明对走廊空间进行改善。走廊的照明设计最重要的是行走的安全性，除了整体照明外，还要有光照到走廊尽头的墙面上，这样可以让人看到走廊的尽头。

走廊照明一般以直接照明为主，夜间行走可以加入间接照明，灯具款式最好简洁大方，这样可以避免空间显得拥挤。走廊一般照明需要均匀照亮空间，因此可以用吊灯、吸顶灯或是宽光束的筒灯；局部照明的主要作用是营造氛围，所以可以用筒灯、吊灯等。

筒灯
采用防眩筒灯，有利于突显天花板的简
洁、干净，且减少眩光对人眼的刺激。
在设计洗墙照明时，需要选择光色较高
的筒灯

灯带
灯带可以装到顶面灯槽内作为
间接照明，也可以放入层板下

## 3. 走廊照明设计要点

### （1）筒灯靠墙设置可增加明暗变化

通常，在走廊的顶棚中心位置安装筒灯的情况比较多，如果把筒灯靠近墙边安装，空间的印象会发生变化。除了墙面的光影形成对比以外，靠近正前方墙面的筒灯，会增强空间的进深感。筒灯靠近墙面设置，会使灯光具有动感。同时，使筒灯发挥射灯的功能。

▲除了在走廊顶面正中央安装筒灯以保证基本照度外，还在靠近墙面的地方也设置了一排筒灯以照亮墙面，发光的墙面可以吸引人的注意力，从而减少对狭长走廊的关注

## （2）兼顾重点照明和装饰性照明

可以通过重点照明的间隔布置，使客人的注意力转移到视觉焦点位置，比如走廊壁画、装饰物等。而装饰性照明，则主要是承担艺术效果的展现功能。同时，为了增强走廊的开阔感，也可以在顶面增设灯槽。

▶走廊尽头的墙面用筒灯照亮，突出墙面的装饰画，使人将视线转移，减少走廊的狭长感

▶走廊上加入收纳柜可以增强室内的储物能力，并且在柜内层板的下方装上灯带，突显出走廊展示墙面的焦点，轻化柜体与墙面的重量感，放大走廊的空间，同时也可作为夜间动线的导引

### （3）不过多使用过于复杂的灯具

走廊空间本身比较狭长，因此不建议过多使用过于复杂的灯具。值得一提的是，在无主灯设计的走廊空间中，运用洗墙照明的方式，能够很好地装饰墙面，并且能够增强走廊的空间感。

▶从客厅进入卧室的一段走廊，在没有自然光引入的情况下，可在顶面挖出凹槽放入嵌灯，作为主要照明。这样不仅柔化了空间照明，也能引导路线，让走廊的视觉感更为深远

▶用投射灯照亮墙面，从而达到洗墙效果也是非常不错的选择。轨道射灯的装饰感较强，可以为原本略显单调的走廊空间增添装饰效果

#### （4）特殊造型灯具打造艺术走廊空间

如果想拥有氛围不一样的走廊空间，但空间太小，就可以尝试用带有明显风格特征的灯具或能吸引视线的造型灯具，以此改变走廊的氛围。

▲带有欧式氛围的吸顶灯散发着复古的黄色光线，瞬间就把人的视线吸引过去

# 十、围绕安全性的楼梯照明设计

## 1. 楼梯照明标准

楼梯的照明设计主要以满足其夜间的基本通行为目的,照度要求不高,也不要求特殊的照明效果和装饰功能,以免影响其他房间的照明效果。

### (1)照度要求

| 楼梯活动 | 参考平面 | 照度值（lx） |
|---|---|---|
| 楼梯整体 | 地面 | 30~75 |
| 深夜 | 工作面 | 0~2 |

### (2)色温和显色指数

| 色温 | 显色指数 |
|---|---|
| 2800K 左右 | ≥ 80 |

## 2. 楼梯照明方式与灯具选择

楼梯的照明设计不能让光源直接刺激眼睛,否则会造成危险,应尽量避免从背后照射,以免影子阻碍视线,发生踏空等意外。楼梯的一般照明最好能够提供均匀的照度,且不刺激眼睛,因此可以选择间接照明的吊灯或扩散型的筒灯。楼梯的局部照明可以考虑对台阶进行照明,如安装地灯、台下灯等。

## 3. 楼梯照明设计要点

### （1）扩散型筒灯可避免阴影过重

集中型筒灯会让照明领域变窄，影子太过明显而让人无法看到楼梯的高低差；而扩散式配光可以照顾到整个楼梯。

▶装饰吊灯从天花板下垂，形成华丽的装饰效果；扩散光的筒灯使楼梯的照度均匀；墙上的壁灯在增补光线的同时，也给过高的楼梯墙面增加了装饰性

### （2）灯具装设避免光线直接进入视线

楼梯灯具的选择，以看不见灯泡的类型为最佳，避免下楼梯的人看到光源从而产生炫目感，最好使用朝上的光源或是漫射光源。

▶漫射型灯具即使被人眼看见，也不会有过于刺激的感觉，非常适用于光线不好的楼梯空间

▶在扶手内安装 LED 线灯等，可以同时照亮墙面和
楼梯，每个台阶被照射的亮度看上去也更加均匀

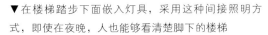

▼在楼梯踏步下面嵌入灯具，采用这种间接照明方
式，即使在夜晚，人也能够看清楚脚下的楼梯

### （3）壁挂照明可集中安装在二楼墙面

壁挂照明最好集中安装在二楼的墙面，因为其本身的亮度和墙壁的反射光可以照亮整个楼梯。并且安装在高处不会妨碍上下楼，也不会影响到扶手和窗户。对于使用者而言，灯具被安装在二楼，更换和维修更加方便。

▶在二楼墙壁上方统一安装壁灯，这样不仅避免了扶手的干扰，还不会对上下楼梯造成障碍

### （4）将灯具嵌入墙内以节省楼梯空间

在楼梯这种有限的空间中，可以在墙面设置一些凹槽并安装灯管，照亮建筑结构，起到视觉上扩展空间的效果。也可以选择在踏步高度的前墙面嵌入脚灯，起到照亮楼梯的作用。

▶灯具在狭小的楼梯间照亮墙面凹陷处，起到在视觉上扩展空间的作用，并且形成阴影，发出柔和的光线。楼梯上的光线将视线引向客厅，其整体效果是低调、平静的

▼正方形脚灯给楼梯平台这个不
太活跃的空间带来了一份乐趣，
灯光照亮了阶梯并且有效地将上
下级楼梯连接在一起

# 第二节　办公空间

　　办公空间照明的主要任务是为工作人员提供完成工作任务的光线，从工作人员的生理和心理需求出发，创造舒适明亮的光环境，提高工作人员的工作积极性和工作效率。

# 一、办公空间照明设计要点

## 1. 办公空间照度基准

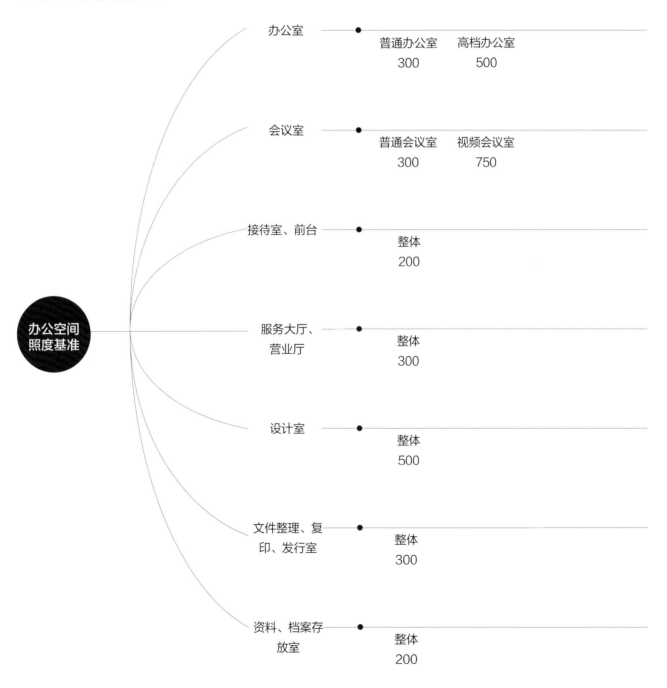

| | | |
|---|---|---|
| 办公室 | 普通办公室 300 | 高档办公室 500 |
| 会议室 | 普通会议室 300 | 视频会议室 750 |
| 接待室、前台 | 整体 200 | |
| 服务大厅、营业厅 | 整体 300 | |
| 设计室 | 整体 500 | |
| 文件整理、复印、发行室 | 整体 300 | |
| 资料、档案存放室 | 整体 200 | |

单位：lx（勒克斯）

## 2. 办公空间常用灯具

**格栅荧光灯**

    适用范围：办公室

    特点：是办公室照明设计中采用的最传统的照明灯具；可以根据建筑顶棚形式，选择嵌入式或吊挂式

**LED 平面灯具**

    适用范围：办公室

    特点：在办公室照明设计中开始替代传统格栅荧光灯；可分为点发光、线发光和面发光三种

**筒灯**

    适用范围：接待区、打印间、茶水间、员工休息室

    特点：适用于整体照明，光线向下分布，无明显光斑

**射灯**

    适用范围：会议室、门厅和办公室之间的长廊

    特点：光线向下分布，适合桌面集中照明和长廊氛围照明

**直射型台灯**

    适用范围：工作桌面

    特点：带反射罩、下部开口的直射型；可根据电脑荧光屏的亮度来调整灯具的亮度

**地脚灯**

    适用范围：走廊、楼梯

    特点：光线向下分布，比较柔和，适合自然光较少的空间

# 二、提供均匀照度的集中办公空间照明设计

## 1. 集中办公空间照明标准

　　集中办公空间是指许多人共用的大面积办公空间。集中办公是一种资源占用少、能源消耗低的办公方式。集中办公空间经常按部门或按工作的差异进行机动灵活的组团划分，也可借助办公家具或隔板分隔成限定性低的小空间。针对集中办公空间的组成及办公特点，其照明设计需要保证在任何平面布局形式下都可以为工作面提供适宜的照度和均匀的亮度分布。

### （1）照度要求

| 集中办公空间活动 | 参考平面 | 照度值（lx） |
| --- | --- | --- |
| 用电脑、书写（工作区域） | 工作面 | 500~1000 |
| 整理、接电话（非工作区域） | 工作面 | 不应小于工作区域的50% |

### （2）色温和显色指数

| 色温 | 显色指数 |
| --- | --- |
| 3500~4100K | ≥ 80 |

## 2. 集中办公空间照明方式与灯具选择

### （1）集中办公空间一般照明设计

　　集中办公空间一般照明主要是提供空间整体照明，普通办公空间通常可采用格栅灯或二次漫反射型专业办公照明灯具，其形式有嵌入式、悬吊式两种，光源通常选择荧光灯。高档集中办公空间还可以选择反光灯槽、发光顶棚等照明方式，以最大限度地减少眩光。

▲一般集中办公空间都是开敞式的格局，其一般照明设计应该满足该工作区各个方向的工作界面，并且光线设计应充分考虑室内办公布局，充分利用户外自然光线，降低办公人员的视觉疲劳感

▲为对办公区域和通过区域进行一定的空间界定，同时也使光亮度有一定差别，可以采取分区一般照明形式，即通过区域与办公区域可采用不同的照明灯具。通过区域的眩光要求可以适当降低，因而灯具的可选择性较大，例如格栅灯、筒灯等，但要考虑到灯具眩光对就近办公区的影响

## （2）集中办公空间局部照明设计

集中办公空间的光环境可以根据总体质量要求进行设计。普通集中办公空间通常要求照度均匀、照明质量适中、灯具不醒目、眩光要求一般，且通常采用手动控制。而高档集中办公空间通常要求照度均匀，除采用直接照明灯具外，还经常采用间接照明灯具，对眩光要求较高，并采用与自然采光相配合的照明控制系统。

◀集中办公空间的局部照明主要是对工作面的照明，而当一般照明能够满足工作面照度要求时，则无须设置局部照明。局部照明灯具要求光线柔和、亮度适中，可选悬吊式漫反射灯具或台灯等

◀若集中办公区的一般照明不能完全满足照明要求，分布在空间角落工作的设计人员就会受到阴影的困扰，在这种情况下应适当增加辅助照明，比如办公家具中的隐藏式灯具或台灯，为局部办公空间补光

## 3. 集中办公空间照明设计要点

### （1）采用规律排布的一般照明

办公空间公共区域的一般照明是将灯具按照一定规律布置在整个天花板上，可以是纵向排列，也可以是横向排列，这样能够为工作面提供均匀的基本照度。

▲ 规律排列的轨道射灯被安装在工位后方，这样可以避免光线直接照射到桌面而引起不适

▲ 座位集中的办公区域的一般照明可以选择造型独特的灯具进行有规律的排列，打造出既有装饰效果又不显凌乱的顶面效果

▲温润柔和的木色成为空间的整体底色，以不同的材料、形式在顶面、地面、立面呈现。白色的办公桌使空间氛围明快轻松，剔除乳胶漆表皮的混凝土立柱彰显力量感与时间感，木纹铝方通之间是排布整齐的灯具，环境冷光与室内暖光相映成趣

▲嵌入式筒灯可以让办公空间的顶面看起来简洁，加上规律的布局排列方式，形成了更加整齐划一的美感，也能营造冷静、理性的办公氛围

▲集中办公区都用相同长度的荧光灯具作为照明灯具，根据座位的位置均匀地悬挂在半空中，冷色光源与黑色的顶面形成明暗对比，让人一眼就能看清区域的划分

▲整个办公空间的一般照明灯具都是 LED 平面灯具，悬挂式安装让灯具看起来有飘浮着的感觉，这样也有效地从视觉上降低了层高

## （2）考虑自然光与人工光的自然过渡

人们在办公室中待得时间很长，所以应该全面考虑自然光和人工光之间的自然过渡。在靠近落地窗的区域，并未设计人工光源；在远离自然光的区域则横向增加了吊灯，为工作面提供柔和均匀的环境照明。

▲墙壁上开设了一系列玻璃窗，进一步增强了日间的自然光线照明

▲由于空间不大，所以利用原有的顶面结构设计了大尺寸方形开窗，打造出空间、光和风的效果，光从上方洒下来也非常符合人体工学

▲可以看到筒拱的矩形截面将空间分成两个主要区域，一个作为主要办公区；另一个形状不规则，作为不同类型的办公区。玻璃筒拱为办公区域提供了非常明亮的自然采光，同时也避免了过于直接的照射

### （3）常用电脑工作的区域可以增加局部照明

一般照明可以为整个办公空间提供柔和与均匀的背景光环境，局部照明可以加强员工的个人工作区域照明，增加可调性，有效地避免个人工作区域光线过亮或过暗，从而保护视力，符合大量用电脑作业的光环境要求。

▲一般照明可以为整个办公空间提供柔和与均匀的背景光环境，局部照明可以加强员工的个人工作区域照明，增强可调性，有效地避免个人工作区域光线过亮或过暗，从而保护视力，符合大量用电脑作业的光环境要求

▲整个集中办公区域的一般照明不是很亮，为了让使用电脑的工作者不会产生视觉疲劳，所以在每个座位的桌面设立了可调节台灯，以保证桌面的亮度

## （4）集中办公区域用白光较真实

白光显色较真实，照射的对比较大，趋向太阳光、色温偏冷，所以适合作为集中办公区域的照明，环境光源较明亮清晰，可以提振精神。

▲集中办公区域使用的冷光光源灯具，给人非常冷静、集中的感觉，而过道区域则使用了偏暖的光源，给人比较柔和的感觉

▲黑白空间下，集中办公区使用白光能使人更有精神

## （5）多采用室内顶面光源直射方式

一般照明特点是光线在室内分布统一，增强空间的立体感和整体感。一般照明多采用室内顶面光源直射的方式，光源根据顶面设计确定灯光的位置。但是作为直接光源要考虑到眩光的问题，可以采用格栅、建筑构件等来对光源进行遮挡。

▶曲线和旋转的天花板作为整个办公空间的视觉核心，点状的筒灯犹如星空一样在深幽的蓝色隔板中吸引人的注意力，这样，隔板不仅起到了防眩光的作用，而且也有很好的装饰效果

### （6）注意控制工作面照度与周围环境照度

在用半高的隔板将每位员工的办公区域围合起来的"牛栏式"办公空间中，每位员工都有相对独立的工作台面，但是要注意控制工作面照度和周围环境照度之间的比值，如果工作照度大于750lx，那么周围环境照度应为500lx；如果工作照度为500lx，周围环境照度应为300lx。

▲在办公桌的隔板下嵌入LED灯带，这样的设计保证了工作面的照度不会与环境照度相差过多，并且灯带的位置低于视线，又有隔板遮挡，所以不会产生眩光

▲可供多人办公的长桌创造了一个飘浮在办公室里的小房间，房间顶部设有足够亮度的荧光灯以照亮桌面

**（7）通过灯具材质传达不同感觉**

办公空间希望给人传达一种理性的感觉，需要彰显自己的专业性，给客户一种值得信赖的感觉。金属或者塑料等类似材质的灯具更适合应用于办公空间。如果公司本身想要有更亲和的感觉，那么可以适当在接待区、洽谈区或是休息区、娱乐区使用布料、纸质等材质，以给人更多的温馨感。

▲工作区使用材质简单、造型简洁的灯具

▲休闲区使用材质丰富、造型多样的灯具

💡 **照明贴士**

可以看到同一个公司可以在不同的区域使用不同材质的灯具，从而营造出不一样的氛围。在需要有理性与冷静的工作区，使用的大多为金属、塑料材质的灯具，并且灯具基本没有造型可言；而在以放松、休息为主的休闲区域使用的大多是色彩丰富、材质为玻璃的灯具，并且造型更加多样

# 三、注重局部照明的个人办公空间照明设计

## 1. 个人办公空间照明标准

个人办公空间是单元办公空间的一种特殊形式，是指供一个人独自使用的单元办公空间。个人办公空间功能设置的差别应根据使用者的职务、企业性质、装修标准来定。通常情况下应具有工作区和接待区（兼休息区），而豪华个人办公空间可另设休息区、休闲区等功能区域。个人办公空间照明主要考虑整体照明的组织形式、各功能分区的照度设置关系、空间的整体亮度分布、照明灯具的光效果搭配、灯具的装饰性等问题。

### （1）照度要求

| 个人办公空间活动 | 参考平面 | 照度值（lx） |
|---|---|---|
| 整体 | 地面 | 250~500 |
| 工作区域 | 工作面 | 300~500 |

### （2）色温和显色指数

| 色温 | 显色指数 |
|---|---|
| 2700~4000K | ≥ 80 |

## 2. 个人办公空间照明方式与灯具选择

个人办公空间一般照明主要起到环境照明的作用，要求相对不高，通常选用筒灯作为照明灯具，宜选择暖白色光源。局部照明的设置是个人办公空间照明设计的重点，应对不同功能空间进行区别设计。工作区是办公室的主要区域，要求有较高的照度、均匀的亮度分布和很好的显色性等，同时也要求有很好的装饰效果。这不仅是工作的需要，同时也是为了制造视觉中心，突出区域的主体地位。

▲工作区照明灯具的选择要根据照明效果、空间的装饰风格和空间使用者的个人爱好而定。通常可采用发光顶棚、反光灯槽、吸顶灯、吊灯等类型的照明工具，并选择其中一两种结合使用，力求使不同类型照明灯具的光效实现互补，以减少眩光、促进亮度均匀分布，同时获得丰富的视觉效果

▲工作区域宜选择显色性好的暖白色光源。个人办公空间其他附属区域应采用局部照明或分区一般照明。灯具的选择及配光效果应与工作区域有所区别，并侧重于氛围的营造。对于休息区和休闲区应考虑局部照明的照度，以方便阅读

### 3. 个人办公空间照明设计要点

#### （1）照明需要考虑分区设计

个人办公室更多的是进行谈话类的工作，所以照明需要分区域安装。在办公桌上方可以设计照度为300lx的照明灯具，而会客区的照明可以适当降低，同时照明氛围可以柔和一点。局部要增加特殊的照明方式，比如单独增加台灯，或者在谈话区域放置落地灯，这些都是为了满足空间的多场景需求。

▲个人办公室的整个顶面由不规则的木质挡板形成动态的曲面造型，并将灯具隐藏于其中，增加了动感的同时保证了空间的均匀照度。而在陈列架中，加上了局部照明的柜下灯，照亮柜体内部

### （2）调整高色温的光源照度要注意环境色彩

　　除了使用色温较高的光源，还要注意办公室内的环境色彩。如果整个办公室中的照明色彩明度过低，就算使用照度适宜的高色温光源，也有可能让人感到不舒服。因此主色彩最好不要和光源的颜色对比太强烈，否则整个空间的色调就会失衡，丧失整体感，使空间看起来非常混乱。

▶冷色光源搭配水泥灰和黑色为主的个人办公空间，能营造出理性、冷静的办公氛围

▼虽然整个办公室的色彩以沉稳的灰色系为主，但高色温的灯光更能够显示出干练的感觉，比暖光更能营造出个人办公室的独特氛围

# 四、满足多种场景需求的会议空间照明设计

## 1. 会议办公空间照明标准

　　会议办公空间是指工作人员进行交流、讨论、沟通、开会的空间。会议办公空间的照明设计通常根据工作人员的数量、使用频率等因素而定，复杂型办公场所可进行空间的独立设置。从照明质量方面来看，普通会议空间通常要求有均匀的照度和对演示区域的重点照明；而在高档或功能兼容性强的会议办公空间则需要相对复杂的照明设计，重点是工作区域。

### （1）照度要求

| 会议办公空间活动 | 参考平面 | 照度值（lx） |
|---|---|---|
| 整体 | 地面 | 250~500 |
| 工作区域 | 工作面 | 500~7500 |

### （2）色温和显色指数

| 色温 | 显色指数 |
|---|---|
| 3500~4100K | ≥ 80 |

## 2. 会议办公空间照明方式与灯具选择

　　会议办公空间一般采用分区照明和局部照明相结合的照明方式。作为重点区域，工作区应保持均匀的照度，同时应保证与会者面部照度充足，以便于与会者互相之间能够清楚地看到对方的表情。现代会议办公空间大都设有视频系统，因此，照明设计要考虑对视频效果的影响。通常，视频播放时需要空间处于较低的亮度状态才能达到清晰的效果，而这又会给与会人员记录资料造成不便。因此，要考虑采用窄照型灯具对工作区进行局部照明，既满足书写之需，又不会对视频播放效果产生很大影响。若会议过程中需要徒手演示或讲解，应对演示区进行较高照度的局部照明，以起到明视和视觉引导作用。另外，会议空间应根据室内设计风格设计一些装饰性局部照明。

工作周边的通过区域通常采用一般照明方式，不要求过高的照度，只为起到环境照明和一定的氛围营造作用

## 3. 会议办公空间照明设计要点

### （1）灯具形状可呼应会议桌形状

会议室的主要功能是集会、展示设计方案和设计成果。设计空间的会议室要具有明亮的特点。会议室吊顶形式应与会议桌形式统一，如长方形会议桌对应长方形灯槽，圆形会议桌对应圆形灯具，以便光线均匀分布在桌面上，提高整个会议室的韵律美。

▶将米白色和木色以及灰色作为主视觉基调，通过一系列建筑元素建立了空间的对称感，选择柔和的色调和材料，以增强真实感和舒适感。粗糙而完美的天然桦木多层板材料赋予了办公室如家一样的熟悉感和原始感，且白色荧光灯的长度与会议桌长度相近，视觉上形成节制的美感

▶黑与白所构筑的会议空间，立面配以磨砂玻璃与可书写落地白板，为进入者营造沉浸专注的氛围，方形的发光顶棚与会议桌保持相同的方向，铺洒下均匀而柔和的光线

▲黑色方形木纹会议桌沉稳而大气，给会议室带来严肃、冷静的气息，同样是方形的吊灯悬吊在会议桌正上方，给看似沉闷的会议室增添了亮点

▶开放的会议室在会议桌的造型选择上呼应企业的产品和理念，原木色与黑色的搭配，是原始的淡雅与深沉的空间的碰撞。可容纳多人的长桌呼应的是同样窄长的吊灯，巨大的灯座底泛着金属光泽，与会议桌的材质相同

### （2）会议室可加入局部照明照亮装饰

分布四周的筒灯或射灯对主墙以及艺术品细部进行局部照明，突显主体墙的视觉中心，使会议室在热烈、活跃的氛围中，也不失稳重、严谨的形象。室内灯具选择可调型以满足不同角度的使用需求，同时丰富了空间的光照层次。

▲会议室不大，用分散的筒灯对主墙以及墙上的装饰画进行照射，加强了墙面的视觉效果，也让会议室的氛围不会过于理性

▲会议室墙上的壁画与建筑朴素的单色空间形成对比，筒灯均匀地照射墙面，让壁画更加突出，这也让原本只有原木色和黑色的沉闷会议室变得活跃起来，更能调动人的工作积极性

▲整个会议室的色彩虽然不单调，但是在色调上还是偏沉重一些，这是为了强调会议室的沉稳感。为了不让沉重的感觉过于强烈，在墙面装饰的画作选择颜色比较多的抽象画，并用射灯照亮，使整个墙面一下子就从空间中凸显出来，让空间一眼看上去不会过于沉闷

▲顶面上雕刻着几何线条图案和白色叶子图案的铁板，不仅有助于改善声学效果，也有助于控制光线和噪音。看似是没有规律的排列，但在放着装饰物的墙面附近，叶子图案相对较多，给墙面带来较充足的光线，从而照亮墙面上的装饰物

### （3）使用电子显示屏时需要考虑反光问题

会议室如果用大型电子显示屏作为背景，就需要考虑电子屏发光和反光等问题，我们可以加强面光的照度，以弱化电子屏发光所带来的负面效果。这样做的好处，一是可以减轻参会人员的视觉疲劳度；二是可以更好地展示视频内容。

▶会议室顶面分布的筒灯照度统一，一来保证了会议桌的照度；二来电子屏上方的筒灯可以避免屏幕反光，同时提供一定光线，让与会者在较暗的环境中观看时不会过于疲劳

▼为了解决电子屏反光的问题，除了在会议桌上方设置了灯具，还在电子屏的前面设置了同样的灯具，在解决反光问题的同时，视觉上也有不错的平衡感

◀分段式照明设计可以根据会议的需求更换不同的照明场景，如果需要观看电子屏，只需开启电子屏上方的灯具，就能让观者更加清楚地看到屏幕

### （4）流明天花板设计让会议室充满"自然光"

流明天花板将灯具藏在不透光的材质里，使光线呈现出均匀明亮的效果，会议室看起来明亮而自然，也减少了阴影，这对与会者而言不论是做笔记还是观看视频，都不用担心阴影和眩光问题。

▲流明天花的设计让室内犹如自然光倾洒，光线均匀，让会议室的每个部分都有均匀、柔和的光线，减少了眩光和阴影

▲流明天花板也可以与跌级吊顶结合在一起，在层高可以满足的会议室里，这样的设计更能给人以阳光倾泻的感觉，同时也能照亮空间中的每一个角落

▲被玻璃划分开的会议室里，顶面采用流明天花板＋筒灯的组合，既为桌面提供了均匀的光线，又能对通道区域进行分散的照明

# 五、展现企业文化的接待空间照明设计

## 1. 接待空间照明标准

公司的接待区域常常是来访者接触到的第一个区域，彰显着机构和公司的文化和性质。这些区域必须让人感到舒适，让人印象深刻而且感兴趣。接待空间既是具有独立功能的空间，不同区域之间的过渡空间，又是"窗口"空间。在保证一定的照度水平的基础上，可以追求布光的装饰效果。

### （1）照度要求

| 接待空间活动 | 参考平面 | 照度值（lx） |
|---|---|---|
| 整体 | 0.75 水平面 | 200~300 |

### （2）色温和显色指数

| 色温 | 显色指数 |
|---|---|
| 3300~5300K | ≥ 80 |

## 2. 接待空间照明方式与灯具选择

接待空间在前台的区域要有一个重点照明，用来突出企业的品牌，因此常用筒灯或射灯来对前台墙面进行重点照明。在等待区域可以用一般照明保证基本均匀的光线，照度不要太低，要给人积极而明快的感觉。如果在接待区想给来访者留下较深的印象，可以考虑加入一些装饰照明，比如造型独特的吊灯或者 LED 彩灯，这样不仅可以定义区域属性，而且也能增加装饰感。

▲ 前台区域给来访者的感觉应该是宽敞、明亮、热情的，那么光源的选择也应该与其他地方有所区别，主要照明与辅助照明相结合，感性与理性共同存在

◀装饰吊灯可以引导来访者来到休息区，创造视觉焦点并减小空间尺度。一点点装饰照明点缀就可以大大活跃空间的欢迎气氛

## 3. 接待空间照明设计要点

### （1）前台照明注意营造一个视觉中心

办公室前台是体现公司形象的门面，来访者的第一印象从前台开始，此区域除了前台的装潢设计、人员的仪装气质及装饰的摆设外，整体空间的灯光还讲究明暗分布与空间秩序的契合，能给人一种舒适、温和的第一感觉，特别在公司的 LOGO 照明上，要清晰、明亮，给到访客户及其他人员留下深刻印象。

▲ 前台的照明重点是墙上发光的公司 logo，巨大的 logo 因为采用了与墙面相同的材质，所以不会给人突兀的感觉，为了改变死板的印象，利用灯带烘托出 logo，让墙面富于变化

▲前台的位置并不大，也不显眼，所以用蓝色的 LED 灯具组合出公司名称，发光的字体在同样的蓝色背景上显得非常亮眼，让人一眼就能看到

▲不同于传统的前台布局，没有设立前台桌，而是直接用植物墙代替。发着暖光的公司 logo 在绿色的背景墙上，给人非常温暖、自然的感觉，与公司想要传递的理念相契合

▲整个前台的色彩都是比较深暗的颜色，以此来显得更加专业、严肃，发光的 logo 是墙面的视觉中心，与墙面形成明暗对比，让人一下就能看到

**（2）洽谈区亮度不够可增加重点照明**

　　除基本照明以外，洽谈区还采用了重点照明设计，如果空间高度较高，需要高亮度照明的洽谈桌就不能达到阅读要求，所以要添置吊灯，补充光源亮度，增加室内温馨感受。

▲不同于接待区的暖光光源，等待区采用白光光源打造出一片区域，视觉上划分了区域

▲洽谈区的位置靠近窗户，白天的时候采光较好，可以不增加重点照明，在采光不好的时候可以通过吊灯增加光线

▲洽谈区还设计了落地灯，可以在夜晚自然光不足的情况下，为区域提供照明

▲接待区的筒灯提供了均匀的照度，在局部加入散发漫射光线的吊灯，增加重点照明的同时也能为空间增加装饰效果

### （3）利用光斑营造欢迎的氛围

利用多种类型的光斑，可以让空间更加生动并营造欢迎的氛围。光斑的位置可以在入口的墙上或是前台背后的墙上。光斑的大小一般与灯具的光束角有关，较窄的光束角，光斑范围相对比较小，容易制造出华丽感和郑重感；较宽的光束角可以产生有层次距离的光斑，搭配陈列物件可以更加突出物件。

▲不想一眼望尽的入口，以两面白墙互掩出锥形路径，压缩再放大的空间对比带来了戏剧张力。墙面没有任何装饰，仅用可调节灯具照亮墙面的 logo，用形成的光斑装饰整个接待入口

▲用筒灯在墙面制造出类似洗墙的效果，均匀的光斑排列在接待区的墙面上，让原本平淡的墙面多了一些装饰感

▲利用间接照明灯具同样也能够在墙上留下光斑，虽然光斑的形状相对模糊，但是与公司的风格相符合，反而将木饰面的墙面照亮，给人沉稳、安心的感觉

▲灰色墙面因为有光斑的装饰，所以看上去才不会那么沉闷，在满足公司特点的同时，又不会给人带来压抑的感觉，被照亮的墙面恰好可以吸引访客的视线，给人留下不错的印象

### （4）利用装饰性吊灯增加亮点

不同于传统办公空间死板、严肃的照明风格，现在越来越多的办公空间更加强调照明的艺术效果，这不仅能提高员工的积极性，而且也能展现独特的企业文化。装饰性吊灯本身就有很强的吸引力，如果能与接待空间的整体风格吻合，不仅可以增强装饰效果，让来访者眼前一亮，增加好感，还能使空间感更加强烈。

▶几乎所有中庭内的东西都覆以木材，给空间带来柔和、亲切的感觉，并增添了非办公场所常见的气味和质感。细长的楼梯穿梭于中庭，超长的吊灯悬挂而下，相同形状的灯具以不同的方向设置，长短不一的组合效果，形成引人注目的视觉效果

▼麦当劳全球总部的前台上方悬挂的吊灯非常有观赏性，金属的质感和裸露的灯泡，将粗犷与精致相结合。上下圆形的造型在视觉上形成明暗对比，给人非常舒适的感觉

◀环形吊灯围绕着前台区域，似乎将前台区域单独划分而出，向上投射的光线在顶面同样形成一个环形的光晕，让接待处充满舒服的漫射光，并吸引了眼球

▼圆柱形吊灯横吊在接待区的上方，散发着漫射的光线，打破传统的规则摆放，以不同层次设置，反而更有动感

# 第三节　商业空间

　　商店照明是体现其风格、展示形象、凸显商品特点的有效工具之一。如果商店形象发生了改变，照明也应该很灵活、很方便地作出相应改变，塑造商店新形象。照明不仅能照亮了购物区域，还可以通过制造特有的照明效果来吸引顾客的注意力，达到促销的目的。

# 一、商业空间照明设计要点

## 1. 商业空间照度基准

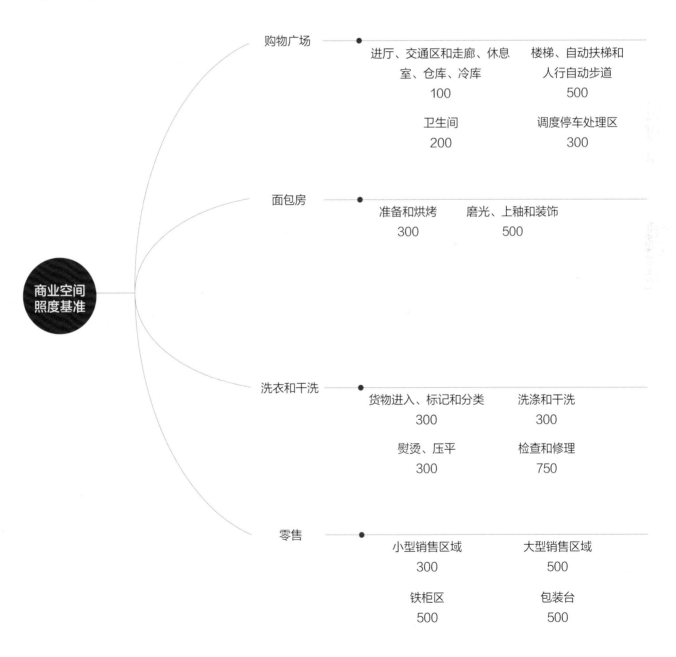

| | | |
|---|---|---|
| **购物广场** | 进厅、交通区和走廊、休息室、仓库、冷库<br>100 | 楼梯、自动扶梯和人行自动步道<br>500 |
| | 卫生间<br>200 | 调度停车处理区<br>300 |
| **面包房** | 准备和烘烤<br>300 | 磨光、上釉和装饰<br>500 |
| **洗衣和干洗** | 货物进入、标记和分类<br>300 | 洗涤和干洗<br>300 |
| | 熨烫、压平<br>300 | 检查和修理<br>750 |
| **零售** | 小型销售区域<br>300 | 大型销售区域<br>500 |
| | 铁柜区<br>500 | 包装台<br>500 |

**商业空间照度基准**

单位：lx（勒克斯）

## 2. 商业空间常用灯具

**轨道灯**

　　适用范围：橱窗、销售区

　　特点：可调节角度，可对商品进行重点照明

**筒灯**

　　适用范围：销售区

　　特点：属于一般照明灯具，可以为整个空间提供均匀的照度

**发光顶棚**

　　适用范围：销售区、接待区

　　特点：柔和的光线非常适合作为空间光线的主要来源，并且视觉效果较好

**吊灯**

　　适用范围：通行区、销售区、接待区

　　特点：主要作为装饰照明，能带来非常突出的装饰效果

**灯带**

　　适用范围：销售区

　　特点：一般嵌入槽口中，向上或向下照亮墙面

# 二、引人驻足的橱窗照明设计

## 1. 橱窗照明标准

橱窗是顾客对店铺的第一印象，是吸引顾客进入店铺的重要演示空间。如果想强调氛围，那么橱窗照明的亮度不建议比同区域低；如果想强调环境亮度，就要提升橱窗亮度。

### （1）照度要求

| 橱窗活动 | 参考平面 | 照度值（lx） |
|---|---|---|
| 白天 | 地面 | 高档商店：＞2000（必须）<br>中档商店：＞2000（适宜）<br>平价商店：1500~2500（适宜） |
| 夜间 | 地面 | 高档商店：100<br>中档商店：300<br>平价商店：500 |

### （2）色温和显色指数

| 色温 | 显色指数 |
|---|---|
| 3500~4100K（白天）<br>2750~3000K（夜间） | ＞80 |

## 2. 橱窗照明方式与灯具选择

### （1）橱窗一般照明设计

橱窗一般照明投射方向多是由上往下，这样投射可以使整个环境都变得通透明亮，可以达到基础的环境照明效果。均匀的白光和色光照明是一般照明最基本的表现形式，二者照明的亮度需要控制在较低水平。基础的白光照明是必须的，色光决定了整个橱窗灯光效果的基调，或温馨自然，或热情奔放，在照明设计的过程中使用白光、色光或是白光与色光的组合，需要根据橱窗的整体需求进行合理设计，但在照明设计的过程中要避免整个环境过于阴暗，否则既不能照亮环境，又不能展示商品。

▲橱窗一般照明要求具有均匀的亮度分布，以形成光效果，同时要求具有较高的照度水平。橱窗照度一般应是营业空间平均照度的 2~4 倍

▼橱窗一般照明的最佳效果是在橱窗外达到"只见亮不见光"的视觉效果。一般照明也可以将变频灯光作为辅助照明，起到吸引视线的作用，但不适用于高雅、端庄的商品橱窗

### （2）橱窗重点照明设计

重点照明是指针对橱窗中的某个区域或者某件商品进行定向（方向性）照明的形式。重点照明多是由上往下对商品进行投光照明，可以起到突出重点的作用。此类照明的亮度一般偏高，与局部亮度所呈现的差异较大。照明设计的目的是通过定向的照明指示，展示特定的某类商品，吸引消费者进店，激发消费者的购买欲望，进而提高销售量。

▲从上方重点照亮商品，明暗的强烈对比更能突出商品，从而吸引人的注意力

▲成功的重点照明设计可以起到体现商品的质感、色彩，塑造商品的立体感等作用

### （3）橱窗装饰照明设计

装饰照明亦被称为气氛照明，它并不是直接照亮服装，而是通过对墙面、橱窗地面和商品背景做一些特殊的灯光处理，为营造某种特殊的氛围而采用的照明方式。橱窗背景的照明既起到装饰橱窗、辅助照明的效果，也可以避免日间玻璃反射的干扰。

◀在照明设计的过程中需要根据系列主题来进行空间氛围的营造，同时注意使橱窗整体氛围协调统一，避免装饰照明基调不一致

### （4）橱窗照明灯具选择

橱窗一般照明常用灯具有吊灯、内嵌筒灯和泛光灯具。轨道射灯是重点照明方式中最为常用的灯具。轨道射灯安装在轨道上，设计者可以根据需要随时变化灯具的数量，随时移动灯具的安装位置。轨道射灯可以根据陈列布局的变动而灵活地调整投射角度和投射方向，可变性相对比较丰富。照明灯具必须根据服装的特点进行针对性的选择，其目的是表现商品，最终促进销售。

·········· 轨道射灯
轨道射灯不仅可以调节方向、角度，而且能照亮特定的商品，一般光线比较集中，更能突出陈列品

⋯⋯内嵌筒灯
对于多个商品陈列，可以考虑用直射的方式照明，而内嵌筒灯不仅可以提供直射光，而且可以均匀照亮整个橱窗，减少阴影

⋯⋯灯箱
灯箱照明虽然只能照亮非常有限的部分，但是能够重点突出店铺的理念和特色产品，一些较小的商品，若直接展示可能无法引人关注，通过灯箱放大商品并照亮突出，就能让人一下子就看到并了解商品

## 3. 橱窗照明设计要点

### （1）重点照明与装饰照明相结合

用重点照明与装饰照明相结合的方式表现商品造型，使商品的陈列形式新颖耐看，使整个橱窗的视觉冲击力强烈。消费者在逛街的过程中很容易被这类橱窗的照明形式和陈列形式吸引。

▲珠宝的橱窗照明一定要突出精致感与高档感，所以在展示品的周围用小射灯对珠宝进行重点照射，打造熠熠生辉的感觉，而橱窗的背景由暗纹壁纸和散发间接光的灯带组成，极有氛围感

◀整齐排列的玩偶商品对应着同样整齐排列的射灯，每一个玩偶商品对应一个射灯，保证每一个陈列商品都能得到重点照明，为减少阴影并增加装饰效果，在商品背后正上方加入部分发光顶棚，营造比较柔和的氛围

▶斜上方投射下的光线，重点照亮了服装的正面，橱窗四周用灯带装饰，形成了发光的盒子的既视感，效果简明却很有吸引力

▼橱窗中顶面的轨道灯重点向商品投射光线，而在毛线圆球内部的装饰照明让圆球造型有了空间发光感，给人向内探索，无限延伸的感觉

### （2）通透式照明可以把整个橱窗全部打亮

　　在传统的橱窗中，照明灯具都会安装在橱窗顶部的中间，这就出现了一个问题：橱窗中的商品立在橱窗的中间，中间对中间就会造成光照射在商品的顶部是最亮的，但前面会有一些阴影，导致清晰度不够。所以，最好把灯具装在顶部的前三分之一处，这样整个商品的正面会比较亮，清晰度就比较高了。

▲在顶面斜前方安装灯具，这样，当光线照下来的时候，正好落在模特的正面，照亮模特的面部和身上的衣物。这样的照明设计可以减少阴影的出现

## （3）保留真实色彩的灯光设置

在灯光照射下，商品依然保持自身最为真实的色彩，只是由于照明方式不同，照明所折射出来的效果会有服装明暗的差异。这样的差异可以为商品塑造一定的立体感与层次感，使消费者可以直观无误的方式接受来自服装商品的信息，而服装照明的真实显色也为消费者和销售人员提供了方便。

▲白色光源可以很好地还原商品的色彩，如果想要表现出真实、丰富的色彩效果，可以尽量选择高色温的光源

▲橱窗展示的服装应该是最能体现店铺风格和格调的，它向顾客传达着商品的设计理念与展示商品特点，所以服装店的橱窗照明，真实感大于氛围感，高色温直射光的照明设计可以很好地将服饰的色彩、材质表现出来，可以准确地给顾客传达信息

▲家具日用店铺的橱窗照明更加注重明亮度和自然感，接近自然光的光源设置，给人一种干净、柔和的感觉，仿佛在家中一般，也更有真实感

▲因为从橱窗看进去，整个店铺的色彩非常突出，所以橱窗的照明一是要突出商品，二是让商品能从背景色彩中脱颖而出，所以冷色光源更能为梦幻和高档的陈列氛围增添一点真实感

### （4）侧方灯具设置更好的展示商品和烘托橱窗氛围

照明灯具可以选择一盏或者多盏，具体灯具的数量将根据商品的特点来确定，从左侧或右侧照射光线，形成明暗对比，将光影效果完美地展示在消费者眼前，反而让整个橱窗氛围更浓。

▲ 在左侧和右侧从上至下均匀地安装灯具，向中心的皮包和鞋物照射，交错的光线形成闪耀的效果，也能最大限度地减少阴影

▲ 将灯具安装在两侧，由上向下设置的灯具并不一定要均匀地安装，比如服饰展示可以减少对模特头部的光线，集中于服装的照明，这样更能体现出服装细节

### （5）增加橱窗亮度减少外界光干扰

想要减少外界光对橱窗的干扰，可以提高室内橱窗的亮度，增加灯具的数量。同时，为了增强橱窗的亮度，白天可全开照明，使得室外的亮度低于橱窗亮度，晚上可适当关掉部分灯光。排除外界光的干扰，可使橱窗照明干净利落与协调统一。

▶用多个轨道灯照射橱窗内的模特，可以增加室内橱窗的亮度，让人不论是在晚上还是白天都能清楚看到展示的服装细节

## （6）底部灯具设计更有舞台效果

将灯具设置在地面，向上照射商品，视觉上将商品抬高，给人一种高品质、高档次的感觉。但要注意，灯具的安装不能是单个的，否则无法完全照亮商品，并且会留下阴影。

▲如果橱窗的高度比较高，那么将灯具安装在地面比安装在顶面更能衬托出商品的质感。并且陈列的商品是汽车，当暖黄色的光投射在白色车身上，能够留下时尚的光斑

▲将投射灯安装在地面，向商品所在的位置投射光线，从下至上的光线将橱窗打造成舞台，商品的档次一下子就提高了，并且由于向上投射光线，所以所陈列商品的影子会被放大到顶面或墙面，从而形成独特的光影效果

# 三、注重分区照明的销售空间照明设计

## 1. 销售空间照明标准

销售空间的照明需要根据所经营的商品种类、营销方式，以及相应的环境要求等因素来进行设计。经营种类和营销方式的不同决定了照明要求和整体环境质量要求的差异。

### （1）照度要求

| 销售空间活动 | 参考平面 | 照度值（lx） |
|---|---|---|
| 白天 | 地面 | 高档商店：＞2000（必须）<br>中档商店：＞2000（适宜）<br>平价商店：1500~2500（适宜） |
| 夜间 | 地面 | 高档商店：100<br>中档商店：300<br>平价商店：500 |

### （2）色温和显色指数

| 色温 | 显色指数 |
|---|---|
| 3500~4100K（白天）<br>2750~3000K（夜间） | ＞80 |

## 2. 销售空间照明方式与灯具选择

### （1）销售空间一般照明

对于超市、便利店来说，一般照明往往针对整个空间，不设其他照明方式。通常，一般性销售空间的照度应为300~500lx。一般的商场，可以采用格栅灯、筒灯照明灯具和其他漫射型专业商用照明灯具，安装以嵌入式为主。

▲稍微高档一点的场所，可以增加反光灯槽、发光顶棚等隐藏式艺术照明，以获得较好的装饰效果

▲超市这类销售空间通常采用悬吊式照明灯具，采用线式布灯的方式作为一般照明

### （2）销售空间分区一般照明

为了给消费者提供购物的便利，也为了方便商场进行销售管理，往往需要根据类别对商品进行分区展示。分区一般照明就是对展示分区的配合，对不同商品区域起到一般照明的作用，在有些情况下也可能兼有重点照明作用。分区一般照明应根据不同区域商品的特点进行设置，所采用的灯具类型、照度水平等应符合不同类别商品的照明质量要求。

例如，就超市的百货区与新鲜货物区来说，同样是销售区域，其照明质量要求却存在一定的差异。百货区照明只强调消费者能够清楚地看到商品信息，不过多强调对商品品质的体现，通常要求照度值为800lx左右，光源色温为4000~6000K。而新鲜货物区则要重点突出食品的新鲜感，尤其是熟食、烘焙食品及配餐食品销售区，商家希望通过良好的照明效果来提高新鲜货品的诱惑力，通常要求照度值为1000lx左右，光源色温为3000~4000K。相比之下，百货区更注重以光源的高色温刺激消费者的兴奋，从而促进消费行为快速发生；而新鲜货物区则更注重以光源的低色温烘托商品的品质感，以提高商品的诱惑力。

▲百货区的照度相对较低，光源色彩可选暖色，给人比较舒适的感觉

▲新鲜水果蔬菜区的照度更高，色温基本为冷色，以真实呈现蔬菜水果的色泽

### （3）销售空间局部照明设计

销售空间局部照明主要是对陈列柜、陈列台、陈列架的照明。陈列柜、陈列架一般为多层封闭结构，陈列架通常有多层棚式结构（一面开敞）、多层开敞结构以及简易结构等多种形式。陈列柜、陈列台适用于精致商品的展示，棚式结构和开敞结构的陈列架可用于各种小件商品的展示，简易结构陈列架主要适用于服装类商品的展示。

销售区的局部照明需要较高的照度，通常要求照度为一般照明的 2~5 倍，但由于局部照明灯具安装的位置与人距离较近，所以很容易产生眩光。因此，在灯具布置时要考虑对眩光的控制。此外，局部照明宜选择色温 3000~4000K、显色指数大于 80 的光源。

▲对这几种展示方式的照明，不仅要求有较好的水平照度，而且必须保证良好的垂直照度。为了最大限度地展示和美化商品，需要保障每一层空间都具有良好的照明效果

### （4）销售空间收银区照明设计

销售空间收银区的照明要与一般空间有所区别，尤其对于采用分散付款的大型商场来说，除了要有明显的引导标识以外，更应在照明设计上予以强调，以使收银区从货架中凸显出来，方便消费者查找。

▶为了增加明确性，收银区照明应适当提高照度，或采用与周边不同的照明方式和灯具。收银区的照明一般要求照度为 500~1000lx，光源色温为 4000~6000K，显色指数大于 80

## 3. 销售空间照明设计要点

### （1）以层板灯打亮商品，激发选购欲望

陈列柜、陈列台、棚式结构和开敞结构的陈列架可以在上层隔板底部设置灯具，通常用线式光源，而选择不透明材质做隔板的展柜，则需要进行分层照明。透明材质的隔板应考虑光影对上层商品展示效果的影响。这样的照明方式能够更加突出隔板上的商品，从而达到吸引顾客注意力的目的。

▶独特的陈列架造型足以吸引顾客的注意力，让人停留的时间增加。大小不一的陈列造型让规律中多了变化，加上层板灯的烘托，照亮其中几个陈列品，更有主次感

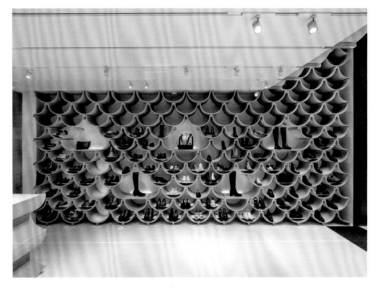

▼金属陈列架加上白色层板灯，明亮而干净的感觉油然而生，让人一眼就能注意到

▲由于隔板的材质为实木，所以每一层都需要设置一个灯具，这样才能保证每一层都能有均匀的光线照亮

◀玻璃的陈列架隔板有着精致的透明感，因为良好的透光性，所以不必在每一层都安装灯具。顶部隔板的高度最好稍微高于人眼，否则安装在顶部的灯具容易被人看到，从而引起眩光

### （2）积极地利用照度差别

为了使商品更加引人注目，可有意地降低基准照明，把强烈的局部照明用在特别的商品上，提高消费者的注意力。

▲珠宝店销售区的一般照明的照度并不高，但是摆放珠宝的展示柜内部则有很高的照度，这样的明暗对比，让人一进入就能够看到珠宝产品，并且在这样的对比烘托之下，珠宝就显得更神秘而珍贵

▲前厅部分为面向公众的产品展示体验区，整体的照度并不高，而后面的两组主墙柜有着更高的照度，吸引着顾客的视线

▲利用镜面反射除扩大空间外，还意外形成了极其完美的对称效果，让人进入梦幻的空间，发光的顶棚提供照度不高的间接光线，这就更加突出了陈列架上被高照度光源直接照射的商品

▲明显的照度差，让人犹如进入博物馆般，摆放的产品瞬间变得高贵而有格调，整个空间都散发着独特的氛围

### （3）多层次光源聚焦商品

根据陈列区的不同设计，在光源的安排上也有所不同。除了在顶面采用排列整齐的嵌灯作为一般照明，为空间提供大量均质光线外，也可以在商品陈列区安排灯具，以近距离照亮商品。这样，即使装饰简洁的商店，也能有丰富且具有层次感的照明。

▲服装店的整体氛围比较简约，给人的感觉非常冷淡，但是顶面的筒灯照度很高，保证了服装店即使被灰色墙面、地面包围，也不会有压抑的感觉。筒灯在顶面形成了犹如星空的效果，非常夺目，在销售陈列区，衣架的上方用灯槽照明照亮墙面和服装，整个空间的层次顿时丰富了

◀受冰川中洞穴不断变化的光反射和颜色的启发，天花板的图案纹样特征抽象于此自然现象，不锈钢背板反射着 LED 灯带的光，与天花板一起，为人们带来了一种舒适的光感体验。独具特色的天花板成功地统一空间内所有元素，奠定了室内的整体基调。重复的泡沫板棱柱像钟乳石一般悬挂在天花板上，形成独特的视觉效果，并将顾客的视线聚焦于冰淇淋柜台。在白蓝交织的背景下，冰淇淋柜台成为唯一不同的元素，柜内明亮、直接的灯光更是将其突出，不仅使冰淇淋显得更加美味，而且较高的照度也能立马吸引人的注意力

▲暗藏于吊顶网格矩阵内的 LED 灯带，经顶面褶皱的铝箔漫反射，投下柔和均质的暖白光，营造明亮舒适的氛围并减弱影响购物体验的暗影

▲鞋店的氛围比较强烈，明显的明暗对比可以给人留下非常深刻的印象。墙上的陈列架用窄光射灯照射，在墙上形成了好看的光斑，中间的环岛部分则配合区域形状设置了环形的装饰灯具，以此将区域划分开，下方悬吊着的衣架则用隐藏在顶面的轨道灯照亮，由于距离较远，所以光线较分散，但与整个环岛区域的照度相匹配

### （4）不同样式灯具混搭，丰富空间照明

　　针对不同区域，采用不同款式的灯具，比如货架上使用的是轨道灯和层板灯，中央的展示桌上采用的是细长形吊灯，而柜台上方则安装裸露的灯泡。不同的灯具可以满足不同区域的照明需求，也能让空间的层次变得丰富。对于顾客而言，照明灯具的变化，可以带来灵活的变化感，使购物的氛围也变得轻松起来。

▶受到灯塔的启发，有限的空间中以阵列的形式设置了 20 个灯柱，其中一些结合高桌进行设计以满足功能性需求。顶面则用白色的筒灯提供均匀的照明

▲巨大的透光展示台，让放置在下面的产品格外瞩目，让顾客会忍不住想来一探究竟。其余区域则是用轨道灯进行照明

▲在陈列架用轨道射灯重点照亮鞋子，考虑到装饰效果，在展示区使用了与桌面色彩相近的古铜吊灯，而整个空间的照明则由内嵌的筒灯完成。不同的灯具针对不同的区域，使空间的层次感更丰富

▲顶面独特的吸顶灯、可调节的射灯，和展示台下的灯带、墙上动物造型的壁灯让整个店铺的照明层次变得丰富而有个性，不论顶面还是地面或是墙面，都有不同的光线照亮，让人感觉非常舒适，氛围很平稳、稳重

## （5）造型灯具可吸引顾客驻足

　　如果说橱窗的独特设计可以吸引顾客进入店内，那么在店内增加造型独特的灯具，就可以让进入店铺的顾客驻足，延长在店内停留的时间。选择造型灯具的同时要注意与店内的风格相呼应，否则会给人过于突兀的感觉。

▲珠宝店为了展现高档感，整体规划比较规整，空间以理性的直线条为主，以此来衬托珠宝的优雅之美。但为了提升空间的精致感，并且能够吸引顾客走进来，在珠宝店顶面正中央装设了水晶吊灯，造型上呼应柜台，将光线均匀地洒在展示柜上

◀顶面的叶片由梯形的金属铝板制成，后部安装了固定装置。光线可以柔和地从缝隙中透出。这样别出心裁的灯具设计，可以给空间带来非常壮观又吸引人的装饰效果

▶可以看到珠宝店的整体装修是比较高档的，所以选择了有同样氛围的吊灯，不论色彩还是样式，都与整个珠宝店的气质很契合，并且如花朵绽放的吊灯也能够吸引人的视线，让人产生好感

▶整个销售区的设计不论灯光还是色彩，都以优雅感为主，以白色为主的空间在顶面用金色的造型吊灯创造视觉焦点，不规则的下垂形态和闪耀的光线突显出精致感

### （6）高色温光源与暖色空间的交融

高色温发出的白光相比于低色温的黄光，更能凸显商品的真实感，但是如果全部使用白光，势必会给人过于冷静的感觉，对于销售区而言，在环境色彩中加入暖色，可缓解白光的冷感，又不会影响明亮的感觉。

▲眼镜店的白光主要来自货架前的轨道灯和顶面的筒灯。通过改变灯罩颜色获得的，既能让店铺不显得那么冷静，也能吸引人的注意力

◄空间整体利用饱和度较高的墨绿色，搭配带有一定灰度的黄色；水泥材质的粗糙质感，碰撞亚光不锈钢的精致。衣架下嵌入白光灯带，可以更真实地照亮服饰，方便顾客查看，而顶面的暖光光源让原本冷硬的空间变得柔和

▲棕色的温润搭配白色的纯净，整个汽车销售区展现出沉稳又大气的感觉。同时，顶面的高色温光源与地面低色温光源的结合，让空间不会显得过于冷静

▲高色温的轨道灯让展示区的商品看起来更清楚也更干净，但是本身为全白色系的空间容易让人感到无聊，所以在货架陈列区使用了相对较低的色温光源，减少过于冰冷的感觉

（7）可调节轨道灯多方位调节光线

很多商店的商品销售一般以壁面架为主，所以光源规划以此为基础，沿着墙面方向设置多盏轨道灯，在墙面形成好看的光斑，做出局部打亮的效果。

▲ 礼品店内部的特点是高耸的木墙，从堆叠的木质轮廓中形成一系列洞穴外壳。木材层像石笋一样向上延伸，中间穿插着可调节的射灯照亮墙面，同时，部分光线也从穿透天花板的天窗中照进室内

▲服饰店顶面的射灯，因为可调节的关系，同时照亮了两面墙上的商品，但是看上去并不显得零乱。由于鞋架上下层离光源的距离不同，所以为了保证能看清商品，在架子上另外做了嵌灯以打亮商品

▲三面墙上都摆满了商品，而中间则是休息和试穿的座位，所以仅在三面墙上设置了三排各自平行于墙面的轨道灯，由于产品摆放的高度不同，所以轨道灯投射的角度也会有所不同，以保证每一个商品都能够得到光照

# 第四节　展示空间

展示空间的照明设计往往由于展品、展示主题、展品材质的不同，设计的要求和配置数据也不相同。

# 一、展示空间照明设计要点

## 1. 展示空间照度基准

### （1）美术馆照明标准

| 房间或场所 | 参考平面及其高度 | 照度标准值（lx） | 统一眩光值 | 照度均匀度 | 显色性 |
|---|---|---|---|---|---|
| 会议报告厅 | 0.75m 水平面 | 300 | 22 | 0.60 | 80 |
| 休息厅 | 0.75m 水平面 | 150 | 22 | 0.40 | 80 |
| 美术品售卖 | 0.75m 水平面 | 300 | 19 | 0.60 | 80 |
| 公共大厅 | 地面 | 200 | 22 | 0.40 | 80 |
| 绘画展厅 | 地面 | 100 | 19 | 0.60 | 80 |
| 雕塑展厅 | 地面 | 150 | 19 | 0.60 | 80 |
| 藏画库 | 地面 | 150 | 22 | 0.60 | 80 |
| 藏画修理 | 0.75m 水平面 | 500 | 19 | 0.70 | 90 |

注：1. 绘画、雕塑展厅的照明标准值中不含展品陈列照明。

　　2. 当展览对光敏感的展品时应满足"博物馆陈列室展品照度标准值及年曝光量限值"表中的要求。

（2）博物馆照明标准

| 房间或场所 | 参考平面及其高度 | 照度标准值（lx） | 统一眩光值 | 照度均匀度 | 显色性 |
|---|---|---|---|---|---|
| 门厅 | 地面 | 200 | 22 | 0.40 | 80 |
| 序厅 | 地面 | 100 | 22 | 0.40 | 80 |
| 会议报告厅 | 0.75m 水平面 | 300 | 22 | 0.60 | 80 |
| 美术制作室 | 0.75m 水平面 | 500 | 22 | 0.60 | 90 |
| 编目室 | 0.75m 水平面 | 300 | 22 | 0.60 | 80 |
| 摄影室 | 0.75m 水平面 | 100 | 22 | 0.60 | 80 |
| 熏蒸室 | 实际工作面 | 150 | 22 | 0.60 | 80 |
| 实验室 | 实际工作面 | 300 | 22 | 0.60 | 80 |
| 保护修复室 | 实际工作面 | 750[1] | 19 | 0.70 | 90 |
| 文物复制室 | 实际工作面 | 750[1] | 19 | 0.70 | 90 |
| 标本制作室 | 实际工作面 | 750[1] | 19 | 0.70 | 90 |
| 周转库房 | 地面 | 50 | 22 | 0.40 | 80 |
| 藏品库房 | 地面 | 75 | 22 | 0.40 | 80 |
| 藏品提看室 | 0.75m 水平面 | 150 | 22 | 0.60 | 80 |

① 指混合照明的照度标准值。一般照明的照度值应按混合照明照度的 20%~30% 选取。

（3）博物馆陈列室展品照度标准值及年曝光量限值

| 展品类别 | 参考平面及其高度 | 照度标准值（lx） | 年曝光量（lx·h） |
|---|---|---|---|
| 对光特别敏感的展品，如织绣品、国画、水彩画、纸质展品、彩绘陶（石）器、染色皮革、动植物标本等 | 展品面 | ≤ 50（色温 ≤ 2900K） | 5000 |
| 对光敏感的展品，如油画、不染色皮革、银制品、牙骨角器、象牙制品、宝玉石器、竹木制品和漆器等 | 展品面 | ≤ 150（色温 ≤ 3300K） | 360000 |
| 对光不敏感的展品，如铜铁等金属制品，石质器物、陶瓷器、岩矿标本、玻璃制品、搪瓷制品、珐琅器等 | 展品面 | ≤ 300（色温 ≤ 4000K） | 不限制 |

注：1. 陈列室一般照明应按展品照度值的 20%~30% 选取。

2. 陈列室一般照明 $UGR$ 不宜大于 19。

3. 一般场所 $R_a$ 不应低于 80，辨色要求高的场所，$R_a$ 不应低于 90。

## 2. 展示空间常用灯具

### 轨道射灯

适用范围：展品

特点：可以根据展品位置调整，拆卸简便，可接附件

### 带状灯

适用范围：展柜、壁柜、隔板

特点：易于成型，可制成所需形状、根据空间尺寸调整

### 荧光灯

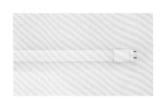

适用范围：展厅、接待区

特点：将光线投向天花，反射至垂直或水平面，辅助环境照明，通常属于间接照明

## 3. 展示空间常用照明方式

　　不论建筑的采光是否充足，都要设置照明以便在天然光不足的情况下补光，对于展示空间照明方式的选择，应该尤其重视展示空间设计和展品展示的特殊之处。

### （1）发光顶棚照明

　　通常将天然采光和人工照明结合使用（部分非顶层展厅通过人工照明创造天然采光的效果），通过与感光探头联动的控制系统实现二者的有机整合。其特点是光线柔和，适用于净空较高的博物馆。

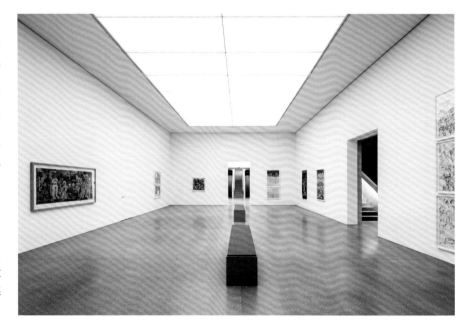

▶利用软膜天花板将光源隐藏起来，从而打造发光顶棚的效果，均匀发散的光线柔和、不刺眼，温柔地照亮空间

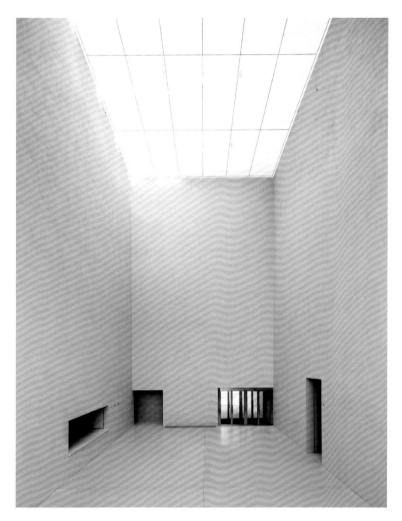

◀半透明的漫射材料铺满整个顶面，光线犹如自然光，从高处洒落，形成观感自然的空间效果

▼如果仅用软膜天花板来打造发光顶棚的效果可能比较无趣，但如果在顶面的造型中加入软膜天花板，就会形成既有照明效果又有装饰效果的顶面设计

▲倾斜的顶面用软膜天花板装饰，如在顶面又开了几扇窗户一般，减弱了不规则顶面的压抑感

▲安装在天花板上的柔光箱照明系统，可以模拟外部日光的色温。根据一天中的时间和室外照明条件，不断变化，为展览提供不同的照明

## （2）格栅顶棚照明

与发光顶棚方案相比，透明板换成了金属或塑料格栅，其特点是亮度加强，灯具效率提高，但墙面和展品的照度不高，必须与展品的局部照明结合使用。在造价允许的情况下，格栅角度可调，与自然光组合，以适应不同的展陈模式。

▲整个展示空间的顶面设计是比较丰富的，金属格栅与铝板按照不同的方向拼接而成，各自对应着下方不同的区域。格栅顶棚的缝隙间嵌入灯具，将灯具隐藏了起来

▲金属格栅让顶面看上去不会太空旷，金属色的格栅与黑色的顶面形成恰到好处的搭配，也能将灯具和管线都很好地隐藏起来

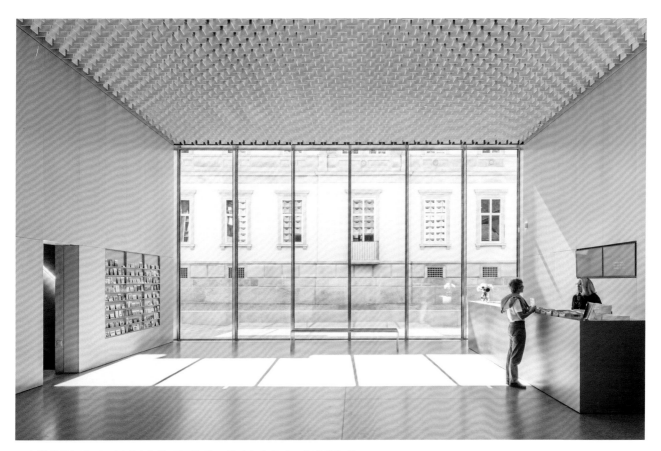

▲交错的格栅在顶面形成密集的顶面效果，吸引人的同时又能隐藏灯具

### （3）嵌入式洗墙照明

嵌入式洗墙照明可以灵活布置成光带，也可以将荧光灯具的反射罩根据项目特点进行定制加工，将光投射到墙面或展品上，增加其照度和均匀度，这样效果更好。

▲嵌入式筒灯照射在蓝色的墙面上，不仅达到洗墙的效果，而且也能让空间看上去更加个性

▲材料展示展厅中，顶面嵌入式筒灯可以照亮墙面材料板的同时，又能形成好看的光晕

## （4）嵌入式重点照明

照明形式多样，还可通过特殊的反光罩达到局部加强照明的效果。此类方案对于灯具的要求相对严格，应具备尽可能大的灵活性，如光源在灯具内可旋转，光源能够精确锁定，能够根据项目需要更换不同功率的光源；反光罩可更换；可增设光学附件；等等。

▲对展出的家具进行局部加强照明，在顶面嵌入灯具，精确地照亮下方

▲局部照明加强了对二层展品的照度，让人既能看清展品，又不用担心光线直射入眼中

## （5）导轨投光照明

在天花板上吸顶，或在上部空间吊装、架设导轨，这样，灯具安装较方便，安装位置可任意调整。导轨投光照明通常用作局部照明，起到突出重点的作用，是现代美术馆、博物馆常用的照明方法之一。

▶对于较高、较大的展品，可以将导轨灯的距离拉长，这样，光线扩散的范围就会变大，就能够使展品全部照到光，如果担心展品上的光线不够，可以适当降低展厅的整体照度

▼白色轨道投射灯融入白色顶面，丝毫不会影响展厅安静的氛围，可调节的灯具可以照射不同位置的展品

◀因为空间顶面存在斜坡，如果将轨道灯安装在顶面，容易因为高度不同，导致光线不均匀。为了解决这个问题，将轨道灯安装到另一边墙上，将灯具角度对准邻墙，这样就能实现均衡的照度

▼在较昏暗的展厅内就更需要导轨灯对展品进行集中投射，这样光线才能汇聚在展品上，使人沉浸在展品欣赏中

### （6）反射式照明

通过特殊灯具或建筑构件将光源隐藏，使光线投射到反射面再照亮空间，这样，光线柔和，形成舒适的视觉环境。需要注意的是，反射面为漫反射材质，反射面的面积不可过小，否则可能成为潜在的眩光源。

▶ 树脂地板组成参观平台，使罗马时期的石材不必直接与游客接触。原建筑中的混凝土天花板及立柱以其原本的形态呈现。为了避免直射光对文物的影响，将光源藏进了顶面槽口中，通过照亮墙面来照亮展品

▶ 将灯具隐藏起来，通过照亮墙面的方式照亮画作，这样，柔和的光线让整个展示空间都变得温和起来，呈现出安静的氛围

▲漫射材质的灯罩避免光源的直接照射，变成分散、柔和的间接光线，照亮整个墙面的同时，又能照亮展品，又不会有眩光的问题

▼悬吊着的方块内嵌着灯具，上下照射着光线，给中间的展品带来柔和的间接光线

# 二、注意易受自然光伤害的展品照明设计

## 1. 展品的自然光引入设计

人向往自然的天性决定了人更加向往也更加适应自然光，自然光的颜色特性非常适用于展示空间的展品照明，并且节约人工照明用的能源，有利于节能环保。但是引入自然光，就要考虑两个问题：一是对于展品的保护；二是对天然光的控制和导向。

### （1）避免自然光伤害的防护措施

自然光中含有紫外光和红外光，这些都会损坏展品，尤其是对光特别敏感的展品，如国画、织绣品、动植物标本等。要过滤自然光中的紫外线和减少热量，避免对展品产生伤害，使透下的光线更均匀柔和。除了使用紫外滤光片之外，还可以使用屏蔽玻璃。新型采光玻璃可根据人们的需要灵活地控制室外光和热的进入，在较少能耗的前提下，为人们提供健康舒适的室内环境。在天然光过于强烈的时候，从玻璃窗进入太多的直射阳光会引起人视觉上的不舒适甚至眩光。人们希望在阳光强烈的时候少一点天然光的进入，而在阳光较弱的时候多一些自然光的进入。光致变色玻璃的透过率可以随着其表面照度的增加而降低，从而达到调整进光量的目的。光致变色玻璃一般是由平板玻璃和胶片复合而成的夹层玻璃，改变光致变色胶片的成分，可根据不同的需要制作出具有不同功能的光致变色玻璃。使用防紫外线胶片制作的光致变色玻璃，可阻挡 99% 以上的紫外线进入室内。电致变色玻璃通过改变腔内电解质的电位差来改变玻璃颜色，以控制光和热的透过率。电致变色玻璃可以高效调节自身的透光性能，可以减少过多直射阳光的进入，防止眩光的产生，更可以抵挡红外线的进入，滤除热量。新兴的纳米玻璃可以吸收紫外线。遮挡眩光则涉及增加建筑构筑物如反射阳光板或是安装百叶、窗帘等遮光物件。

▲有些展品对自然光非常敏感，所以要提前做好防护措施

## （2）自然光的控制

由于自然光的变动性和不易控制性，要根据需要对自然光进行控制和导向利用，防止日光直射造成室内温度过高，进而损坏绘画作品，并且避免自然光线转换可能在某些时段造成的眩光。除了常用的内外遮光系统外，新型采光玻璃可根据人们的需要灵活地控制室外光和热的进入，在较少能耗的前提下，为人们提供健康舒适的室内环境。

▲博物馆屋顶采用 12 个可操作的百叶窗来控制进入室内的太阳光总量

自然光也会时时刻刻影响着作品的色彩展示。自然光光谱的变化是由于太阳光通过大气层传播到地球表面，由于大气中各种介质，比如水珠、灰尘介质等的漫射和散射作用会造成的。这种散射光和直射阳光一起使得地球上的物体呈现出五颜六色的外观。在阴雨天气，由于乌云的漫射，自然光中含有的红光成分和直射阳光相对明显减少，使得天空光的色温显著变高，所以物体颜色比晴天时蓝。

# 2. 展品的人工照明设计

## （1）关于展品保护的人工照明设计

仅依靠自然光不能充分展示作品，还是要辅以人工照明，不断调节，营造合适的光环境。但是使用人工光照亮展品时，要考虑光对展品的影响，因此在设计时也要考虑如何将影响降至最低。

> 💡 **照明贴士**
>
> 首先要知道基于展品保护的藏品主要可以分为两大类：矿物质或无机物材料（如石头、金属和玻璃等）、有机物材料（如纸张、木材、自然纺织品、多种颜料、骨头、象牙、皮毛等）。总体来说，无机物材料对光轻度敏感或不敏感，有机物材料对光中度敏感或高度敏感。

在进行保护展品的人工照明设计时，要考虑三个方面。一是要限制照度水平；二是要限制曝光时间，这样做主要是为了保护展品；三是要限制年曝光量。

另外，要保护展品就需要选择合适的灯具并安装附件。白光高压钠灯对展品伤害最小，但是颜色特性较差，不适用于画廊照明；卤钨灯和荧光灯的显色效果较好，但在使用中一定要滤去卤钨灯和荧光灯的紫外线部分，做到对展品伤害最小。

## 基于保护展品的照明设计步骤

一　根据标准对所有展品进行分类，分出感光和不感光展品。

二　为所有光源安装紫外线过滤装置（包括侧窗和天窗），使用 UV 测试计测试每个光源，确保 UV 值低于极限值 (UV < 10μW/lm)。

三　以确保照度不超过展示目标所属展品类型的规定值为目标，并从视觉上评定其效果，核对照度值。极限照度值是在展品表面任意一点的最大照度值。

四　对每一件展品检查辐射热效应，特别是在使用白炽聚光灯的时候。如果辐射热效应十分显著，可考虑使用 LED、二色性反射灯具或 IR（红外线）过滤装置。

五　核查用于限制展示照明时间的程序和控制系统，评估年曝光时间。

六　测量和记录每件物品或每组物品的照度。计算年辐射值、计划展示时间、进行必要的限制，以确保全部展示和处于危险之中的每个单独展品都满足要求。

▲紫外光对展品的损害最大，对画作材料中的有机成分有分解作用，比如会使国画的纸张、绞绢老化，发黄变脆，使油画表面出现裂缝及颜色分离，所以要特别注意控制可见光

▲金属类藏品对光不敏感，所以可以放在采光比较好的空间，人工照明设计也没有需要特别注意的

▲如果展示区的藏品感光性不同，可以用不同的灯具来照射，利用巧妙的分区设计，让灯光形成明暗对比以降低突兀感

▲如果展出的画作对光比较敏感，那么可以为光源安装紫外线过滤装置

### （2）利用颜色特性的人工照明设计

利用人工光对展品进行展示照明时，光源的显色性非常重要。在进行灯具布置时，如果展品和背景采用不同色彩或者不同显色性的光束照射，也能产生强烈的对比效果。显色性的差异既不能过小，又不能过大，以免分散人对展品本身的注意力。

色温主要是营造气氛和塑造观赏环境，光源色调越暖，人眼对色温差异的察觉能力就越弱。低照度时，低色温使人感到愉快舒适；高照度时，低色温使人感到闷热；高色温在低照度下使人感觉阴沉，昏暗清冷；高照度时，使人感到愉快。色温和照度要相互适应，暖光的照度水平要低一点，冷光的照度水平则要高一点。

▲展厅的灯光使用了偏暖的色温，但因为灯光照度较高，所以不会给人昏暗的感觉，反而会有一种明亮的温暖感

#### 💡 照明贴士

被照射的物体对人来说，可以作为一个光源理解，其反射出来的光在受到周围光环境影响的同时，也会对光环境产生影响。比如，一幅浅色的油画展品会受到周围色彩反差较大油画展品反射光的影响，从而呈现出不同的色彩效果。这些在进行设计时都应引起注意。

▲国画展厅选择高色温的投射灯，可以更好地展示画作的细节，但是过高的色温会给人过于清冷的感觉，所以整个展厅的照度并不高

▲较低的色温让空间看上去更有氛围感，低照度的轨道灯投射在展品上，非常符合空间的氛围

▲虽然高色温的光源能让人更清楚地看到服饰展品的细节，但低色温的灯具更符合整个空间的氛围

### （3）展品人工照明的光分布

不同的光分布会赋予展品不同的气息。展示照明的光分布要做到突出主体、掩盖次体，有时甚至要用夸张的表现手法强调作品的内涵和表现力。

以美术画作展品为例，展品一般采用墙面陈列的方式，而其照明方式主要有两种。一种是采取均匀照明，即采用一系列线形光，对挂有画作的墙面进行直接的均一化的照明；也可以采用间接照明，依靠均匀的反射光照亮画作及其所在的墙面。这种照明方式对于大幅绘画作品比较适宜，并能使照明气氛平和淡然。

对于线性光源法，要注意灯具安装位置和安装角度不要有光线直接射入观赏者眼睛造成眩光，从而影响其对画作的鉴赏，同时要避免过于均匀的光在画作表面形成漫雾反射。若是采用间接照明要考虑反射面的材质和颜色，反射率高的，表面能更好地反射光线，而光反射回来的光会带上反射面的色彩，若是处理不好，可能引起照射到展品上的光色的改变。同时还要注意间接照明采用来自天花板的反射光时，天花板的上部不能过于明亮，否则会分散鉴赏者的注意力。

▲ 带有漫射效果的灯罩可以让光线变得柔和，照射在展品上可以营造类似自然光的效果

▼ 在展厅的顶面，灯具完成了整个顶面的造型设计。被钢架平均分割的顶面，荧光灯以线状排列的方式，向顶面中央汇聚，形成非常好的顶面效果

　　第二种方法就是对每幅画作分别进行重点照明，一般采用直接照明的方式。直接照明能够更强调作品的视觉效果，尤其在背景照度比较低的情况下，经常使用这种方法。此外，这种照明方法也更利于根据不同的展品和主题进行机动化的调节。

　　重点照明灯具的布置方式稍微复杂一些。因为对展品的照明其实是对展品所在墙面的照明，目的是让参观者可以专注于展品本身，而不分散注意力。人类的眼睛是照明设计的出发点，我们看见东西其实是因为对比，因为其和背景空间的亮度不同，眼睛会本能地关注视野区域中最亮的部分，会被对比、改变和移动所吸引。当然，展示照明的目的不仅仅是"看到"，更要在欣赏艺术展品过程中引起鉴赏者的联想、共鸣，进而对其产生兴趣及购买的欲望。

▶每一幅画作的上方都有轨道灯对其进行重点照明，并且重点照明的照度比环境光稍微高一点，这样才能突出画作

▼利用可调节的投射灯对可以悬挂展品的墙面进行投射，因为灯具排列均匀，所以投射出的光线也非常均匀

▲可以看到摄影作品所在的悬空吊板呈规律的纵向排列，为了减少阴影，将灯光安排在右上方，并且根据展品的位置形成同样规律的纵向排列

▼悬挂在墙上的每一个展品都用轨道灯进行重点照明，从远处看，轨道灯在墙上投射留下的光斑有规律地呈线状排列，在灰色的展厅中呈现独特又醒目的效果

#### （4）展品人工照明的明暗对比

照明设计的目的是使展作品在视野中成为明亮的焦点。展作品与其背景之间要有合适的明暗对比，这能够增加展览平面的观赏性，使展品不会由于照明平淡而显得呆板、无生气。

不同的对比度会使人产生不同的视觉感受并影响人的心理感受，一般对比度在 3 ：1 左右时，人眼较为舒适，但当要创造一些戏剧化的场景时则可超过 3 ：1。射灯是创造明暗对比很好的工具，洗墙灯在这方面就稍显不足。要达到适宜的对比度，就要合理选择灯具的配光曲线和功率 。根据展品的种类 、体量和意境来选择灯具的配光曲线，光束边缘是渐变还是锐变，形成的视觉效果全然不同。

▶整个展厅的照度非常暗，这样可以方便观看电子屏上播放的影片，但是在局部展示区域则用低色温、高照度的灯光照明，从而形成鲜明的明暗对比，给人一种更加神秘的感觉

▼汽车展厅的明暗对比强烈，更能让人把注意力集中在汽车展品上

▲展厅的照度一般，但对展示柜和展示台进行了局部重点照明，这样就将展品从空间中凸显出来，明暗的变化也让原本空旷的空间变得生动起来

### （5）有效的眩光防止措施

眩光问题在上述两种照明方式中都应当给予充分的重视。首先要防止直接眩光，根据展品和参观者的相对位置来设置灯具位置和照射角度，严格遮挡直射光。

💡 **照明贴士**

以下几种情况会产生反射眩光：①光会通过玻璃镜框的反射进入人的视野造成眩光，这被称为一次反射。②观者自身或是周围物体的亮度高于展品表面亮度，会在玻璃上反射出高亮度物体的像，导致观者看不清展品，这叫作二次反射。③在油画或其他光泽材料的展品表面出现光幕反射，表面一片闪亮，会破坏整个画面视觉。

# 三、考虑视觉调节的门厅照明设计

展示空间的照明设计虽然主要是服务于展品、展厅，但门厅作为整个艺术殿堂的门面，其照明设计也应当别出心裁，此处的照明应当和整个展厅的照明成为一整体，其风格也应该尽可能与展品相配，给人留下艺术化的第一印象。

除了美化环境，该区域更是一个视觉和心理的过渡区，是一个视觉调节空间。人眼适应照明情况的变化需要一定的时间，时间的长短取决于照明强度的变化梯度以及变化的方向。一般说来，人眼适应从低亮度到高亮度的变化所需时间较短，2分钟即可完全适应，反之则需要较长的时间。

从外界进入到展厅内部，就是从一个较高亮度的区域进入相对低照度的展览区，人的眼睛要适应这个亮度的变化就需要一段较长的时间。门厅这个在地理位置上连接外界与展厅的场所，就可以作为一个视觉适应的过渡空间。所以其照度应该设置为外界天然光和展厅照度之间的某个合适值。

▲展厅的入口并不是平整、方正的形态，反而是呈现出多材质的立体形态。金属饰面、凸出的柱体以及木地板，看似毫无关系却又能完美地搭配在一起

◀展厅的入口没有任何装饰，只在顶部开了一扇圆形的天窗，利用日光的移动变化，改变室内的光影，以此烘托入口的氛围

◀展厅入口彩色混凝土墙面上分层的肌理彰显出博物馆的考古性质，钢筋混凝土双 T 形梁跨越在整个结构体系之上，明媚的光线穿过混凝土梁之间的空隙照射到室内

◀纯白的膜结构墙壁与原有的混凝土结构形成鲜明的对比，大面积的天窗为大厅引入了充足的自然光

◀在可用作活动空间的宽敞大厅里，黑色花岗岩墙壁上列出美国陆军历史上的每一场战役，水磨石地板上则饰刻美国陆军部的徽章。上方的方格天花板上有 22 排半透明的夹层玻璃面板，颜色与过去的陆军战旗颜色相匹配，间接光源照亮顶棚，暖色光给人以温暖的力量

# 四、烘托展品的展厅照明设计

　　展厅是展品存在的大环境，是除了展览墙面外，展厅内的其他区域。它并不是设计的重点，不能喧宾夺主。展厅的照明应当以展品主题和陈列方式为依据，来表达设计主题，创造空间效果和视觉效果，烘托展品，营造气氛。

　　在展厅中使用自然光照明可充分利用窗户和窗外的景观，令观赏者赏心悦目，减少观赏者的疲劳，帮助观赏者熟悉方位。但是也要避免阳光直射，以免产生眩光。在掌握当地太阳的相对运动规律的前提下，可以依据现有建筑和展示条件，将日光反射后变成漫射光，也可使用花玻璃或毛玻璃使光线变得柔和，或安装可以遮挡和调节光线的窗帘百叶进行控光，或是在窗户上部设置反光板，使可调控的漫反射光均匀地洒向展壁。这些手段都可以使室内获得均匀的室外光线。

▶明亮开阔的展厅，光线从大型玻璃窗透进室内，窗户有助于为内部藏品和外部景致提供展示空间，同时提供自然光和通风

▼大面积玻璃模块的使用将建筑的通透度最大化，大型中庭和"智慧玻璃"天窗带来了明亮、自然的室内体验，也避免对敏感文物造成损害

▲模拟洞穴的展厅，在顶部开天窗，进入的自然光刚好照在展品上，有种浑然天成的融洽感。如果出现自然光不足的情况，则通过天窗周围的嵌入式灯具提供照明

▲巨大的展厅被混凝土墙面围住，在一侧墙面的顶端开了一扇窗，自然光线照亮了展厅的顶面和一部分墙面，好似神圣的光芒从远处发散过来，这与十字架造型的展品想表达的氛围非常贴合

# 五、满足交流需要的接待区照明设计

　　接待区用于交流，一般周围会有一些展品，应按照前面展厅的照明规则布置。在交流区要避免单一的垂直下射光，要增加垂直面的照明效果，使得交流者可以看清对方的面部表情或手势等肢体语言。接待区的照度标准可以参考同样用于交流的办公场所的接待室和会议室的照度标准。

▲接待区的周围也有展品，所以接待区的灯光照度要比展示区高，方便顾客查看资料等

◀接待区采用了三种照明方式，以满足不同的活动需求。顶部嵌入的筒灯保证一般照明，可调节的明装筒灯可以根据需求照亮桌面或墙面，墙上的壁灯则渲染了氛围

▲接待区的照度与其他区域的照度相近，柔和的光线不仅增加了垂直面的光线，而且不会刺激人眼，给顾客营造出较舒适的交谈环境

▶洽谈接待区的亮度充足，在保证照度需求的同时也满足了装饰需求

# 第五节　庭院空间

庭院的照明多数是在夜晚运用，所以不仅要考虑照度能否满足夜晚需求，而且还要考虑照明位置的设置，以达到美观效果。庭院的照明设计需要根据其本身的形态与风格来考虑，以免给人非常突兀的感觉。

# 一、庭院空间照明设计要点

## 1. 庭院空间照度基准

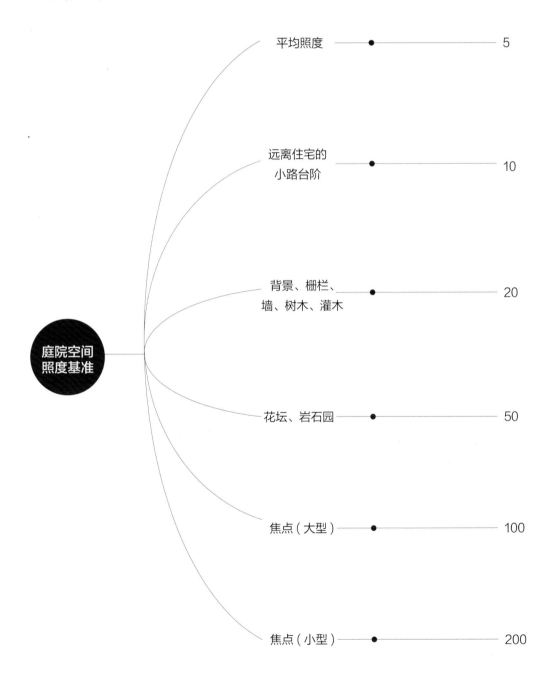

| 庭院空间照度基准 | |
| --- | --- |
| 平均照度 | 5 |
| 远离住宅的小路台阶 | 10 |
| 背景、栅栏、墙、树木、灌木 | 20 |
| 花坛、岩石园 | 50 |
| 焦点（大型） | 100 |
| 焦点（小型） | 200 |

单位：勒克斯（lx）

## 2. 庭院空间常用灯具

### 筒灯

适用范围：檐下

特点：将灯具的"存在感"降到最低，并有效地提升被照射物体的存在感。筒灯还可以调整照射方向，呈现出良好的照明效果

### 地射灯

适用范围：照射乔木、绿化等

特点：射灯易于调整自身与被照射物的位置关系。因为能选择配光角度，所以可根据被照射物选择最佳的光线

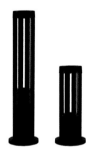

### 庭院灯

适用范围：庭院道路、活动场地

特点：庭院灯有助于在景观周围营造柔和的光团。考虑到白天的景观效果，应尽量选择袖珍灯具

### 草坪灯

适用范围：园路、入户路

特点：草坪灯以独特的造型和柔和的光线为庭院照亮，并且带来装饰效果

# 二、庭院照明的设计手法

## 1. 泛光照明

　　泛光照明也叫立面照明或者投光照明，一般来说，泛光照明就是把光投射在立面或者照明对象上，所以光源会安置在离照明对象较远的地方，泛光照明的投光重点是把对象的轮廓及外观造型清晰地呈现出来。泛光照明主要应用于别墅建筑物有较为独特造型的地方，庭院中的廊、桥、雕塑小品、水景和树木等。在既要求照亮被照对象的全景，又要求突出精彩局部细节的时候，也可以采用泛光照明手法。

◀安装在通道上方的下射灯进行泛光照明

## 2. 月光照明

月光照明属于庭院下射照明的一种，其本质就是将灯光布置在高处，向下照射，使光从树叶之间透出来，在草地或者道路上洒下斑驳的光影，营造在月光下赏景的效果。一般来说，月光照明使用的灯具会安装在树杈之间，沿道路和花池创造灯光斑驳的光影效果，其在周围环境照度较低的情况下效果较好。

月光照明不仅可以在立面使用，也可以用壁灯或者安置在上方的射灯照射处于低处的植物、盆栽，在地面上形成斑驳的阴影，丰富园路和庭院的铺装，使环境更有情趣。还有一种较为新奇的剪影照明方法，在篱笆、凉棚或花架上安装隐蔽的点射灯，使光线透过植物在小路或露台上形成丰富的阴影。

💡 照明贴士

传统的庭院照明方式是使用灯笼、杆灯和宝塔式灯具照亮门廊或道路。这些灯具放出团状的光，无法照亮道路和植物，却将人的所有注意力吸引到灯泡上，掩盖了景观特色，弱化了建筑的细节。而月光效果是选择封闭的低压光源照亮道路和其他特色部分，创造出一种超越自然的、月光照耀般的室外空间。

◀为了使光线能够自上而下地自然投射，可采用在建筑物的外墙上安装射灯的手法。但是，一旦住宅外部施工开始后，就不能再在外墙上安装照明具了。所以在建筑设计的开始阶段就要考虑到庭院照明，把在外墙的最佳位置安装射灯当作建筑工程的一部分

▲从高处用射灯往下照射树木时会产生明亮感，让人可以清晰地看到整个树木、地面，以及庭院里的石头或小石子。由于在室内看不到光源，所以视线被集中于庭院中

◀将照明灯具安装在高大树木上或灌丛中，形成一种类似于月光照射的光影效果。既节省了固定装置的成本，又形成一种月光斑驳的树下景观，营造唯美古典的意境

## 3. 剪影照明

　　剪影照明又称背光照明，将邻近的植物建筑墙面均匀、柔和的照亮，而使植物处于黑暗之中，形成比较明显的光影对比，手法类似于中国的水墨画。剪影照明的效果适用于形状明显的植物，在整个构图中成为视觉的焦点，比如芭蕉、竹子等。

▲用剪影照明手法，使植物的轮廓可以映射在墙面上，如同木偶戏一般，很有戏剧效果

▲在庭院花园中，剪影技巧可以最大限度地展示小树的景观效果

▲利用灯光将树木的剪影照射在建筑外墙上，形成独特的照明效果

## 4. 轮廓照明

轮廓照明就是利用光源将被照明对象的外部轮廓线展现出来，这样即使在夜晚也能看到建筑或植物的轮廓。轮廓照明主要有两种方式，一种是通过光源照亮，另一种是在照明对象的轮廓线内侧安装嵌入式灯具进行照明。总之，轮廓照明不仅仅可以用于观赏乔木的装饰照明，还可以用于凉亭或花架的装饰照明。其一方面可以突出建筑物的轮廓，另一方面也为建筑物的内部空间提供了柔和的灯光。

> **💡 照明贴士**
>
> 轮廓照明常用的灯具是串灯、光带。串灯挂在乔木上突出树体轮廓。将串灯缠绕在树干和树枝上，灯亮时就能把树体的轮廓勾勒出来。隐蔽性更强的光纤轮廓照明可以安装在平面上，或者当光带的体积非常小时，外面套上透明的塑料管或金属贴，安装在较为隐秘的地方。光纤灯适用于室外空间，它有着较高的安全性、灵活性，色彩较为丰富，使用寿命长等优势。目前，光纤照明装饰较多地作为水景的轮廓照明和复杂水景组合的重点照明。

## 5. 景框照明

居住者从室内望向庭院时，窗户就变成了景框，装饰着室外的景色，所以就有了景框照明。好的景框照明不会产生黑镜子效果，不会使我们在夜间无法看到窗外的景色。一般，室外的光度水平要大于或等于室内，这样就能避免黑镜子情况的发生。

规划景框照明设计的第一步是确定夜晚透过窗户你想看到什么。白天仔细观察室外花园，透过每个窗户选择最适宜的部分，作为目标来创造纵深和空间的效果。可以选择靠近窗户的树枝向上进行打光，使一些绿色植物被安装在树上的灯具照亮，使远处形体美观的树木被重点照亮。这种照明方式如同绘画一样，画框装裱着美丽的画面。

▲ 从室内望去，庭院的墙面被下方的灯具照亮，光线不会直接入眼，柔和而有氛围

▲借由外面的自然景色为餐厅增添不一样的用餐氛围，景框照明虽然照度高，但是较为分散，以植物照明为主，给人非常宁静的感觉

▼庭院照明比室内的照度高，由于光仅照亮植物，所以不会给人突兀、不自然的感觉，在黑暗之中反而显得宁静、平和，呈现出如画般极具氛围的夜景

# 三、庭院入口照明设计

入口是连接室内外的地方，在这里要欢迎家人归来，迎接客人光临，也是庭院与别墅建筑的连接处。入口的照明之所以重要，是因为这是家与外界的分割处，此处的照明要给归来的家人和来访的客人舒心温暖的感受。作为迎客灯的光源选择暖色光比较适宜。同时，为了避免入口处过于黑暗使人感到不适，最好采用带有传感器的自动开关的灯具，一旦有人站在门外，迎客灯即点亮。另外，入口处通道上的照明设计，要重点引导人们走向门口。

▶入口的射灯照亮了顶面，让人从远处就能看到入口的位置，暖色光源打在白色的外墙上，给人非常温暖的感觉

▼庭院入口用一盏照度较高的地脚灯照亮，突出了入口的位置，向上照亮墙面不会在夜晚给人的眼睛带来负担，反而营造出积极、热烈的迎客氛围

# 四、庭院台阶和园路的照明设计

台阶和园路属于庭院的交通空间，具有在庭院中通行交往的功能，也具有通过铺装来装饰庭院的功能。当然，最重要的还是其交通功能，在夜间，人走在台阶和园路上可以看清楚脚底的台阶和路。在对于其进行照明设计时，满足人们看清楚道路的需要是必要的，其次也要让灯具不影响路面效果，最好还能为庭院空间增添美感。

台阶和园路在庭院照明设计中具有功能和艺术照明的双重属性，灯具的形式和布置方法很多种，通常可以采取以下几种，第一种是借助于台阶附近的平台或高大的建筑物、树木等，把灯具安装在上面，采用下射照明；第二种是借助于台阶旁边的墙壁安装壁灯，向下照明，照亮台阶，这样不仅丝毫不会影响其交通功能，还会更清晰地展现台阶精细的造型；第三种是利用轮廓照明的方法，把灯具隐藏在台阶前部的灯槽中，让人们只感受到光带来恰到好处的明亮；第四种是在台阶两边的侧墙上对台阶进行侧光照明；第五种是使用嵌入式灯具，安装在台阶旁边的墙壁内，为楼梯空间提供横向照明，这样不仅解决了行走的亮度问题，还可以凸显墙面和台阶的质感和色彩。

💡 **照明贴士**

大多数情况下，台阶照明的原则与园路照明原则是相通的。考虑到园路照明的范围要比台阶广，可以使用砖灯和蘑菇灯来进行照明。如果路面较宽，流通面积较大，也可以采用局部照明技术。并且，园路照明的亮度要比台阶低，灯具布置的一致性不加强调。因为这样处理灯光，可以避免过笔直的园路因灯具的规则布置而无趣。我们通常根据园路的形式来采用相应的灯具布置方式，使庭院风格协调统一。

▼在台阶下方嵌入灯带，使台阶的轮廓显示出来，制造一种发光的台阶的错视感，这样的照明方式非常有意境，让人能在黑暗中感受到恰到好处的明亮感

▲借助台阶旁的墙面安装壁灯，从一侧
照亮台阶，因为台阶并不长，所以一盏
壁灯就可以照亮全部台面

▲将造型独特的草坪灯沿着园路摆放，漫射的光线照亮地面，且不会刺激人眼，满足实
用性与装饰性

◀在草坪上平铺的石块形成了
庭院的园路，隔一个石块便设
置一个草坪灯照亮园路，灯光
打在石块上，将石块的纹理表
现了出来，增添了自然感

# 五、庭院车道的照明设计

　　对于车道的照明，亮度要求特别高，并且提供光源的灯具的位置要较为隐蔽。在进行照明设计时，可以将车道两旁植物和观赏小品的照明作为辅助照明，安装功率较大的电源电压高杆柱灯作为直接照明，但是要注意柱灯的造型。其不仅是为了提供亮度，更是要在白天展现自己优美别致的造型，只有这样，灯具才更有价值和意义。

▲将筒灯安装在地面，以此照亮墙面，均匀地排布设置，在墙面上形成规律的光影，这样也能起到引导的作用

# 六、庭院植物的照明设计

　　白天自然光下的植物，不仅整体看上去养眼，也凸显了自然环境以及树荫的润泽。到了夜里，黑暗中的树木则给人带来不安的感觉。通过合理的灯光运用，不管是高大的乔木还是低矮的灌木丛或者是奇花异草，都可以展现自己优美别样的魅力和姿态。作为庭院中最富有变化的照明对象——植物，其照明方式也多种多样。总体来说，选择植物灯光照明方式时需要考虑相应植物的高矮、粗细，树冠大小，以突出花或枝叶、树干的姿态等，且要做到照明有重点，充分展现可以为庭院增添美感的植物。

## 1. 上射照明

　　从下方向上照射树木，可以给人带来浪漫的感觉。但并不是说只要是树木就从下方打光，要根据树木的种类选择合适的灯具并改变打光的位置。一般，对于树干和树冠较为舒展的树，可以采用上射照明。同时需选用插入式上射灯灯具，隐蔽安装在植物上，这样做的目的是突出树的结构。另外，如果站在树下能够看见树上的枝干，那么在树下进行上射照明就可以获得较好的效果。

▲上射的灯具设置在植物旁边，从下往上的光线不仅可以照亮植物，而且也能将植物的影子照到墙面上，形成好看的剪影

◀从下往上的光，让原本暗淡的树叶看上去似乎在发光，营造出非常独特的意境

◀如果想照亮墙面，可以稍微调整地脚灯的照射角度，从地面照亮植物和墙面，从而形成装饰效果

## 2. 下射照明

当植物上方比较茂盛浓密时，需要把下射灯具安装在树顶上或者较高的建筑物上，这样植物的覆盖面较大，可与上射照明形成呼应。并且，因为下射灯通常会直接照射到人的眼睛，所以下射灯的灯泡相较于上射灯的灯泡功率低。此外，这种照明方式对把盛开的花朵作为照明重点的庭院灯光设计特别重要。

# 七、庭院水景的照明设计

水景常指庭院中有小水池、泉水、瀑布或其他水体的庭院景观。水的存在会给照明带来一定的难度，但如果处理得好，就会产生令人惊叹的效果。

## 1. 静水照明

庭院中的静水一般包括平静的水面，或者流动十分缓慢的水景。平静的水面给人一种像镜子的感觉，庭院中的景致可以倒映在水中，当微风吹过，整个画面就活动起来，十分吸引人。缓缓流淌的水可以舒缓人们紧张的情绪，具有治愈的效果：看着平静的水面，人的心也不由得静下来，静静地欣赏庭院的美景。另外采用彩色滤光器可以改变水的颜色。

◀在池底安装灯具，向上的光线照亮了整个水面，水面的颜色有了变化，不会给人昏暗的感觉

▲池底的灯具水平散射着光线，形成独特的层次感，这与阶梯式水池相呼应，给人向前延伸的感觉

## 2. 瀑布照明

瀑布——跌水，属于动态水景，利用高低差，使水流自然从高处跌落，倾泻的水流，浪花溅起，伴随着高高低低的水花声。大自然的瀑布令人向往。庭院中，瀑布也是较为受欢迎的水景之一。瀑布照明也遵循水景照明的原则，可以在水池中瀑布流入的地方安装射灯，这样不仅可以隐藏灯具，还能使光源散发的光正好照射到跌水上，折射出彩虹般的色彩。

## 3. 叠水照明

叠水属于喷泉的延伸区域，叠水是水呈台阶式从高处向低处流，我国传统园林和国外园林中经常设计叠水形式。庭院中的叠水也要依据庭院的大小、风格来设计，如台阶的层高，叠水的构成风格等。针对叠水的照明也要分层次考虑灯光的布置，如上层台阶处到下层台阶处的照明、水流的照明。一般会在上层流水处使用上射照明，在下层流水台阶的边缘处或水里，向上照明，为流水提供充足的灯光。

▲水流从高处向下流，最上层用灯具照亮，下层则在水流中设置向上照射的灯具，相互呼应

# 八、庭院小品陈设的照明设计

## 1. 雕塑、雕像

雕塑、雕像是庭院中极具装饰效果的小品景观，可以充分体现居住者的审美品位。所以，对于两者的照明要经过深思熟虑，以表现其特征为目的。同时，要依据它们自身、材质、气质的特点，考虑用恰当的光源和照射方向来表现。此外，还需考虑雕像的高度及其与周围环境的关系，再决定灯光的方向、形式等。

▶把灯具放在水景雕像的底部，既可以隐藏光源，又不影响光线的照射效果

## 2. 山石

庭院中的山石，大都是景石经过精心叠堆而成的，而景石都是各具艺术造型的自然石。掇山随场景环境变化，讲究顺其自然，让山体高低错落，分散堆叠，疏密有致，即可构造出优美的环境。山石在庭院中的作用不亚于水体，也是室外空间中的亮点：白天光照充足，山石的自然情趣尽收眼底，夜晚只能靠人工光的布置赋予它别样的美。在选择照明时需要显色性高的光源，以更好地突显山石造型，进行投光照亮。另外需要注意隐藏灯具，以有光源而看不到灯具为佳。还可以在灯具的外面设计一块仿真石，既隐藏灯具，又起到保护灯具的作用。

▲将灯具安装在底部，用白色沙砾隐藏起来，向上投射的光线刚好照在山石上，可以很好地突出石头轮廓